白洋淀上游河流综合整治与管理

李鹏　冉彦立　杜志军　李秀梅 等　编著

U0238766

中国水利水电出版社
www.waterpub.com.cn

·北京·

内 容 提 要

本书围绕白洋淀流域水安全问题展开，以理论与实践相结合的方式全面梳理和阐述了白洋淀上游流域 9 条河流的现状和发展，提出河道综合治理及运行管理的观点和思路。主要围绕白洋淀流域上游河流的防洪安全、水质安全以及生态安全等内容展开研究与论述。并以白沟河、南拒马河和永定河工程治理为例，介绍白洋淀流域综合治理的典型做法和模式。永定河工程（涿州段）虽不属于白洋淀上游流域河流，但作为北方典型河流，永定河是贯穿京津冀生态功能区的天然走廊，是区域协同发展在生态领域率先突破的着力点，因此本书也涵盖了该工程。通过典型工程的剖析，以期为北方中小河流水生态和水环境的治理、修复，以及防洪治理提供有益的启示和参考。

本书可作为水利工程、生态修复、河道治理，以及相关学科工作者和技术人员的参考书。

图书在版编目（ＣＩＰ）数据

白洋淀上游河流综合整治与管理 / 李鹏等编著. --
北京 ： 中国水利水电出版社，2024.1
ISBN 978-7-5226-2378-8

Ⅰ．①白… Ⅱ．①李… Ⅲ．①白洋淀－上游－河流污
染－污染防治－研究 Ⅳ．①X522

中国国家版本馆CIP数据核字(2024)第047733号

书　　名	白洋淀上游河流综合整治与管理 BAIYANG DIAN SHANGYOU HELIU ZONGHE ZHENGZHI YU GUANLI
作　　者	李 鹏　冉彦立　杜志军　李秀梅　等 编著
出版发行	中国水利水电出版社 （北京市海淀区玉渊潭南路 1 号 D 座　100038） 网址：www.waterpub.com.cn E-mail：sales@mwr.gov.cn 电话：（010）68545888（营销中心）
经　　售	北京科水图书销售有限公司 电话：（010）68545874、63202643 全国各地新华书店和相关出版物销售网点
排　　版	中国水利水电出版社微机排版中心
印　　刷	清淞永业（天津）印刷有限公司
规　　格	184mm×260mm　16 开本　10.5 印张　256 千字
版　　次	2024 年 1 月第 1 版　2024 年 1 月第 1 次印刷
印　　数	001—500 册
定　　价	**78.00 元**

本书编委会

主编　李　鹏　冉彦立　杜志军　李秀梅

参编　（以姓氏笔画为序）

王　理　王　聪　白　宇　刘　伟　刘　琼

刘欣雅　李晨妤　张立勇　张　悦　苗　芳

周金帅　周雪健　赵海涛　赵鑫宇　秦朋辉

耿成凤　韩　泽　温金金

前　言

白洋淀是华北地区最大的淡水湖，被誉为"华北之肾"，该区域地理位置优势、生态资源丰富，为许多物种提供了重要的生存环境。然而，近几十年来由于人类活动的影响，白洋淀的水环境承载力超负荷的问题日益突出，生态环境遭受严重破坏。伴随着雄安新区的成立和建设发展，作为雄安新区发展的重要生态水体，白洋淀的生态建设举国瞩目。

白洋淀上游流域包含白洋淀上游呈扇形分布的大清河9条支流，即拒马河、潴龙河、孝义河、唐河、府河、漕河、瀑河、萍河和白沟河的集水区。该流域隶属于海河流域，源于太行山麓。流域水资源总量有限，加之流域人口众多，农业发达，导致流域水资源供需矛盾尖锐。近年来相继实施的补淀工程勉强维持了淀区基本生态需求。

本书是河北省水利科技计划项目"多因素耦合作用下北方中小河流生态响应及生态修复体系构建"相关研究成果的总结和深化。本书在总结白洋淀流域综合治理经验的基础上，进一步探索北方中小河流的治理技术方案。全书共分9章，从白洋淀淀区及其上游流域的概况及现状、白洋淀上游河道治理的必要性、综合整治背景及技术方案、运行及管理、工程实例等方面进行了研究与分析，为北方中小河流水生态和水环境的治理、修复，以及防洪治理提供有益的启示和参考。

本书主要由李鹏、冉彦立、杜志军和李秀梅主编，在本书编写过程中，得到了河北农业大学和河北省水利工程局集团有限公司等单位相关专家的大力支持，在本书出版之际，特向支持和帮助过本书编写出版的有关单位领导、专家和同仁表示衷心的感谢！

由于时间和作者水平有限，书中难免有疏漏和不妥之处，恳请广大读者批评指正。

作者
2024 年 1 月

目　录

前言

1 概况 ·· 1

1.1 白洋淀淀区概况 ··· 1

1.2 白洋淀上游流域水系概况 ·· 2

1.3 白洋淀上游流域地质地貌 ·· 5

1.4 白洋淀上游流域气候气象 ·· 7

1.5 白洋淀上游流域经济状况 ·· 8

参考文献 ·· 11

2 白洋淀上游流域现状 ·· 13

2.1 水安全现状 ·· 13

2.2 水环境现状 ·· 14

2.3 白洋淀上游河道存在问题 ·· 18

2.4 白洋淀上游河道综合整治原则 ·· 19

2.5 综合整治目标任务 ·· 21

参考文献 ·· 23

3 白洋淀上游河道治理的必要性 ··· 24

3.1 南水北调工程 ··· 24

3.2 雄安新区建设与发展 ·· 30

3.3 区域可持续发展 ··· 33

参考文献 ·· 36

4 白洋淀上游河道综合整治背景 ··· 38

4.1 白洋淀上游河流的人河关系 ··· 38

4.2 白洋淀上游河流的河道治理 ··· 42

4.3 白洋淀上游河道综合整治制约因素 ·· 43

4.4 应对河道整治问题的对策 ·· 44

4.5 河道综合整治主要措施 ··· 45

参考文献 ·· 46

5 白洋淀上游河流综合整治技术方案分析 ······································ 47

5.1 防洪安全 ··· 47

5.2 水生态、水环境治理 ·································· 54

参考文献 ·· 56

6 白洋淀上游河道运行及管理 ························ 58
6.1 白洋淀上游河道运行及管理的重要性分析 ·········· 58
6.2 白洋淀上游河道运行现状 ···························· 62
6.3 白洋淀上游河道管理现状 ···························· 65
6.4 白洋淀上游河道治理建议 ···························· 68

参考文献 ·· 69

7 白沟河综合治理工程（涿州段）实例 ·············· 70
7.1 项目简介 ·· 70
7.2 工程概况 ·· 74
7.3 防洪能力建设 ·· 80
7.4 其他功能建设 ·· 100

参考文献 ·· 105

8 永定河综合治理工程实例 ·························· 106
8.1 项目简介 ·· 106
8.2 工程概况 ·· 108
8.3 防洪能力建设 ·· 117
8.4 生态功能建设 ·· 127
8.5 其他功能建设 ·· 130
8.6 工程运管维护及效果 ·································· 133

参考文献 ·· 134

9 南拒马河综合治理工程实例 ······················ 135
9.1 项目简介 ·· 135
9.2 工程概况 ·· 138
9.3 防洪建设 ·· 141
9.4 水生态、水环境治理 ·································· 153
9.5 相关建议 ·· 158

参考文献 ·· 160

1

概　　况

1.1　白洋淀淀区概况

白洋淀最早见于记载的名称或为"祖泽"，《水经注》记有大渥淀、小渥淀，也即大渥淀、小渥淀（渥，或与大清河古称渥城水有关，安新境内古有渥城），西晋时称掘鲤淀，左思在《魏都赋》中提到"掘鲤之淀"。唐李善注："掘鲤之淀在河间鄚县西"。北魏时称西淀，北宋至明嘉靖间称西塘，并出现"白羊淀"名。宋代在宋辽边界开修塘泺作为塘泊军事防线，其中"合大莲花淀、洛阳淀、牛横淀、康池淀、畴淀、白洋（羊）淀为一水"的描述是白洋淀之名最早的记载，《宋史·河渠志》："令注白羊淀矣"，此时将诸淀总称为"白羊淀"。明代以后，人们见到淀水汪洋浩渺，势连天际，遂演化成"白洋淀"，为史载容城、雄县、安新间九十九淀之一。清代，统称西淀，清代文献"大清自雄入，迳张青口（文安县），口西西淀，口东东淀"。因白洋淀本淀面积居诸淀之首，故今总称"白洋淀"。

白洋淀是海河流域大清河南支水系湖泊，也是华北地区最大的淡水湖泊，水域辽阔，物产丰富，被誉为"华北明珠"，承担着拒马河、潴龙河、孝义河、唐河、府河、漕河、瀑河、萍河、白沟河9条河的洪水调蓄任务，称为九河下梢。清初顾祖禹的《读史方舆纪要》中载"安州居九河下流。九河者，徐、曹、方顺、一亩、滋、沙、滱、鸦儿、易水是也。"后因水系或名称变化而不同。现代是指拒马河、潴龙河、孝义河、唐河、瀑河、府河、萍河、漕河、白沟引河。

拒马河发源于河北省涞源县太行山东麓的涞山，有二源的说法，一源在涞源县城泰山庙前古塔下，一源在县城南约两公里的七山下，到县城东南汇合，一路蜿蜒，淌进华北明珠白洋淀；潴龙河作为大清河南支最大的行洪河道，多条河流于安国市军诜村北汇流后于安新县高楼村北入马棚淀；唐河发源于山西省浑源县南翠屏山，1966年改道（唐河新道）后由韩村入马棚淀；瀑河早期分南北两支，发源于易县狼牙山东麓犄角岭，现北瀑河已淤废，仅剩南瀑河（主河道）作为季节性泄洪河道，由徐水大因东经安新县寨里村南入藻苲淀；萍河起源于定兴南幸村，经安新县三台南汇入藻苲淀；漕河，发源于易县五回岭，途径安新县东马村南汇入藻苲淀。由于白洋淀地处华北，对气候变化敏感脆弱，在全球变暖的背景下，气候变化加剧了白洋淀流域水资源供应紧张的局势，区域降水量持续减少、地表径流补给减少，周边地区干旱缺水，大量植物枯萎、地面裸露、造成水土流失，蒸发渗漏现象加剧；同时自 1958 年以来，白洋淀上游大量修建大中型水库，水库的拦蓄进一步削减了白洋淀河流水量，致使多条河流失去自然补给水源，处于断流状态，仅剩府河、孝义河和白沟河有水入淀。虽说目前府河、孝义河、白沟河有水入淀，但入淀水质不容乐观：府河汛期入淀水体中，总磷和氨氮含量均劣于国家地表水环境 V 类标准，属重度污染，入淀水体水质呈现富营养化趋势，污染日益严重；孝义河和白沟河水质状况也不容乐观，存在富营养化问题。

伴随着雄安新区的成立和建设发展，白洋淀的生态建设举国瞩目，白洋淀水环境问题研究更是引发了越来越多的关注。白洋淀是华北地区最大的淡水湖，地理位置优越，生态资源丰富，为许多物种提供了重要的生存环境。然而，近几十年来，由于人类活动的影响，白洋淀的水环境承载力超负荷的问题日益突出，使其生态环境遭受严重破坏。

回顾历史，白洋淀水环境问题的出现，可以追溯到 20 世纪 70 年代的工业化进程。当时，为了推动经济发展，许多工厂在这一地区建立，大量工业废水排入白洋淀，导致水质急剧下降。另外，随着人口的增长，农业活动也带来了大量的农业污染源，如化肥和农药等导致水质极为恶劣。这些污染物进入白洋淀，严重影响了湖泊的水环境质量，导致湖泊生态系统承受了巨大的压力。白洋淀水环境容量的问题，关系到白洋淀及其上游地区的生态环境，也关系到周边居民的生活质量。

1.2　白洋淀上游流域水系概况

白洋淀上游流域包含白洋淀以上呈扇形分布的大清河 9 条支流拒马河、潴龙河、孝义河、唐河、府河、漕河、瀑河、萍河、白沟河的集水区，流域隶属于海河流域大清河流域的中上游地区，源于太行山麓，地理位置为 $38°10'N \sim 40°03'N$，$113°40'E \sim 116°48'E$，流域面积 $34878.25km^2$，年均气温 $12.5℃$，多年平均降雨量 $563mm$，流域整体地跨山西、河北和北京 3 个省（直辖市），其中河北省占流域总面积的 81.04%，而在河北省的面积中，保定市占了 85% 以上，其余全部属石家庄市。

随着海河治理工程的建设完成后，入淀河系已发生变化：新盖房水利枢纽工程的兴建和白沟引河的开挖，使原来不入淀的大清河北支也经由此入淀；唐河新道的建成，切断了金线河与清水河的入淀通道；府河清污分流，清水入淀，污水排入唐河污水库。孝义河、萍河属于平原河流，常年干枯断流。因此白洋淀实际只有 6 条河流入淀。入淀的各河流上，修建了许多防洪、除涝、调节、灌溉工程。据统计有百万方以上的大、中、小型水库 53 座，千亩以上灌区 36 处，大、中型扬水站 44 个，灌溉面积 440 万亩，流域的水资源入淀径流量逐渐减少。

白洋淀上游流域承接大清河水系来水，水系分南北中 3 支，呈扇形分布全区，向东汇入白洋淀。大清河北支，上游为拒马河，支流有琉璃河、胡良河、小清河、中易水、北易水、兰沟河等。拒马河下游又分为南拒马河和北拒马河，北拒马河与琉璃河、胡良河、小清河汇合为白沟河，白沟河与南拒马河汇合后为大清河。1970 年开挖白沟引河，将白沟河及南拒马河引入白洋淀。大清河中支是指皆以白洋淀为归宿的河流，包括唐河、漕河、萍河、瀑河、府河、清水河、孝义河等。白洋淀直接承接大清河南支及中支来水，白沟河及南拒马河通过白沟引河引入白洋淀。大清河南支沙河发源于山西省繁峙县东白坡头，在河北省阜平县不老台村进人保定境内有北流河、鹤子河、板峪河等支流汇入，到王快流出水库后有磁河、部河等河流汇入，北郭村以下称为潴龙河流入白洋淀。白洋淀是地处河北平原与滨海平原交接地带的湖冲积洼地。

公元前602年（周定王五年）黄河改道南移后，其他支脉河经过分支和更名，形成了如今的拒马河、潴龙河、孝义河、唐河、府河、漕河、瀑河、萍河、白沟河。

1.2.1 拒马河

拒马河原名涞水河，位于华北平原，发源于太行山深处保定市涞源县境内，在落宝滩分流成为南、北拒马河。北易水和中易水在北河店汇入南拒马河。拒马河（包括北拒马河、南拒马河）流经涞源县、涞水县、易县、涿州市、高碑店市、定兴县、白沟新城等行政区。

据资料显示，拒马河是河北省内唯一一条长年不断的河流。沿河设置有凉城风景区等自然景区，风光秀丽，气候宜人，且有众多文物古迹与自然风光。因水大流急，对所经山地切割作用强烈，多形成两壁陡峭的峡谷，因此拒马河从涞源发源流经著名的旅游胜地野三坡、十渡，形成一条百里画廊。有关专家称这里是北京西南部一条黄金旅游线路，而拒马河源头的泉水则是其"点睛之笔"。同时由于拒马河水恒量、恒温、水质好，千百年来孕育了两岸的文明。

1.2.2 潴龙河

潴龙河位于白洋淀南部，因"猪化龙而成河"，故名猪龙河，后改猪为潴。上游以沙河为主，并有滋河、浩河、孟良河等流入，入淀口在千里堤与四门堤之间。

潴龙河在河北省境内，为大清河南支最大的一条骨干行洪河道。潴龙河流域位于太行山中东部华北低山丘陵区。其上游为石质山区，土壤多含角砾石，土层薄，风化层厚，具有较高的渗透性且易被侵蚀，属岩浆岩变质岩类裂隙水含水岩组，地处温带半干旱大陆性季风气候区，四季特征分明，春季干燥多风，夏季炎热多雨，秋季风清气爽，冬季寒冷少雨，流域内年平均气温 $11.9\sim12.4℃$，极端最高气温 $41.3\sim42.0℃$，极端最低气温 $-23.7\sim-25.5℃$，多年平均日照时数 $2480\sim2650h$，无霜期在 $200d$ 左右，多年平均蒸发量 $1800mm$ 左右，流域内多年平均降雨量为 $500\sim600mm$，暴雨发生时间集中在夏季6—9月，占全年降雨量的 80% 左右，且年际间变化很大，常常造成水旱灾害。

1.2.3 孝义河

孝义河又名大西章河、段家庄乾河，发源于安国县的黄台村，孝义河干流 $78.2km$。孝义河位于保定市南部唐河以南、潴龙河以北平原地区，东西贯穿定州、安国、博野、蠡县、高阳等市县，流域面积 $1662km^2$，最后流入马棚淀，孝义河主要支流有月明河。孝义河作为白洋淀重要入淀河流之一，是雄安新区生态安全格局中的河流生态重要组成部分。孝义河又为保定市高阳县主要的排沥河道。

1.2.4 唐河

唐河又称滱水、唐水，因流经唐县而得名唐河，位于白洋淀西部。唐河干流，发源于山西省浑源县南部的翠屏山，流经山西省灵丘县，出太行山入河北省保定市的涞源县、唐县、顺平县，以下河段历史上河道几经自然及人工变迁，1966年人工开辟新河道，唐河及其支流在唐县通天河、三会河、逆流河诸水汇集于西大洋水库，出西大洋水库后东流经定州市、望都县、经清苑县、安新县，在安新境内汇入北方内陆名湖白洋淀。全长273km，流域面积 4990km²，其中西大洋水库控制面积 4420km²。

在山西省境内，源于浑源县境内的翠屏山枪风岭东北 7.5km 的东水沟，有大小支流43 条。由浑源县王庄堡进入灵丘县境内，西东走向横贯灵丘盆地，从门头峪折向东南经红石塄乡下北泉村进入河北省涞源县境内。该河灵丘县境内干流流经东河南、唐之洼、城关、高家庄、落水河、红石塄 6 个乡镇，境内河长 58km，包括 6 条支流，境内流域面积2071km²，河宽 50～200m。

在唐县境内，唐河是流经境内的主要河流，为常年性河流。向东南经倒马关、洪城、二道河流入顺平县境，曲折而南经神南村南复入唐县境。再由东折而西南经唐梅、白合、明伏、东庄湾，汇入通天河水，汇集于西大洋水库。流经唐县境内长 109km。西大洋水库以上 96km。汇集上游 51 条大小支流汇积于西大洋水库。

1.2.5 府河

府河上游有一亩泉河、候河、白草沟等支流。从西北方向来的一亩泉河为主流，由鸡距泉、一亩泉等多个泉水汇流而成，因此也被称为鸡距河或鸡水河；向西流的支流叫候河，雨季时候河有水，其他时间则会干涸，水随季节而出没，故名候河；还有一条重要支流是白草沟，河道百草丛生因此得名。

1.2.6 漕河

漕河古称徐水，位于白洋淀西部，发源于保定市易县境内的五回岭（属太行山脉），上游接龙门水库。原为徐水的支流，在漕河镇，源于西北曹河泽水入徐水，始称漕河。后沿用漕河之名。后改流汇入府河，入藻杂淀（属白洋淀）。漕河经管头村、再汇甘河净之水，经龙门峡谷、龙潭汇水峪沟、马连川河、白堡河、杨庄河、泥沟河入徐水到达安新县东马村入藻杂淀，全长110km。漕河在历史上是重大事件多发的一条河，管头镇以上为保定至察南、雁北的骡马交通要道。现流经易县、满城县、徐水县、清苑县。（2015 年5 月，满城、徐水、清苑撤县设区而成，现为满城区、徐水区、清苑区）

1.2.7 瀑河

瀑河位于白洋淀西部，分南瀑河、北瀑河。又称为雹河、鲍河。发源于易县狼牙山脚下的犄角岭；流经易县、徐水区、安新县，在安新县大北头村流入藻杂淀，河流全长73km，总流域面积574km²。上游两主要支流分别建有瀑河水库（中型）和曲水水库（小型），分别控制流域面积 263km²、25km²，两支流在徐水戊己台汇流向东，以下至京广铁路统称为瀑河，过铁路分为南北瀑河，北瀑河在徐水县城北与萍河相汇，但已无河型，南瀑河穿过徐水县城，经于庄闸在葛村附近有黑水河汇入，后东流至安新入藻杂淀瀑河上游接瀑河水库；瀑河是徐水区的行洪河道，纵贯徐水中部，因源短坡陡，汛期多灾。1951年、1954 年、1957 年徐水县（现徐水区）进行了堤防整修。1959 年，进行了疏浚，使行洪能力达到 140m³/s。目前为南水北调对白洋淀补水河道。瀑河为历代的战场，远在战国时期，燕国沿该河筑长城为防线。赵将李牧攻克燕之武遂；东汉耿况于瀑河源之西山破吴耐蠢 10 余营；北宋时期，辽国 9 次南侵，其中 8 次由黑卢堤（易县段）、长城口、遂城侵入，多次在此遭受重创，有着深厚的历史底蕴。

1.2.8 萍河

萍河古称平水、萍泉河，位于河北省保定市东北部、白洋淀西部，发源于定兴县西南的南幸村，流经定兴县、徐水区、容城县、安新县等，在徐水北营村有鸡爪河（老龙沟）汇入，经黑龙口东南注入安新县藻杂淀。萍河总流域面积 443km²，干流总长 30km，近年来常处于干涸状态。萍河流经雄安新区主城区西南部，是雄安新区最早规划、最快实施、最早交付的流域治理项目之一。改造治理前，城西污水处理厂排放的尾水流经 8km 长龙王跑明渠后排入萍河，没有实现达标排放。为兑现"不让一滴污水流入白洋淀"的承诺，河北省省长亲自挂帅督办萍河水环境治理工作，中央水污染防治专项资金专门为该项目提供全部资金保障。目前，萍河已构建由多种水生植物、水生动物、微生物共同组成的多层次水生物链，通过生态系统自身的修复能力使污水在"地表推流"过程中去除污染，进而实现涵养生态、提升景观、优化栖息地的生态治理总目标。

1.2.9 白沟河

白沟河是大清河的北支下段，上段为拒马河，中段为北拒马河。主要支流有胡良河、琉璃河、小清河。琉璃河、小清河在东茨村以上汇入北拒马河后称白沟河。白沟河南流，经高碑店，至白沟镇与南拒马河会合后，称"大清河"。在保定行政区内流经涿州市、高碑店市、白沟新城，河流长度 56km，流域面积 2252km²。白沟引河为人工河，在 1970 年开挖，沟通了白洋淀与大清河北支，经容城境内留通村入淀。白沟河上游处于太行山北部暴雨中心区，流域面积大（张坊水文站以上 4810km²）洪水峰高、量大。洪水出山扩散，平原地区受灾面积广，且其水质清洁，水量充沛。流域文化底蕴深厚，曾为宋辽边境，发生过如澶渊之盟等历史事件，并有自宋朝开始的白沟贸易传统，也是宋辽两国君臣关注重点地区，涉及相关文学丰富；明建文二年（1400 年）四月，在靖难之役中，燕王军队与建文帝军队在白沟河（今河北雄县、容城、定兴一带）进行作战。白沟也是重大历史的见证地，因此当代白沟有必要被重新开发、挖掘其丰富的文化底蕴。

1.3 白洋淀上游流域地质地貌

1.3.1 地貌

白洋淀流域地势自西向东倾斜，地貌类型主要为山地、丘陵和平原，其中主要包括低海拔冲积洪积平原、低海拔冲积平原、低海拔洪积平原、低海拔洪积湖积平原、中海拔大起伏山地、中高海拔大起伏山地和低海拔丘陵共七类地貌类型。

中山、低山、丘陵、平原、洼地逐级下降。西部中山，海拔在 1000m 以上，相对高度大于 500m，山高陡岭河谷深切，水土流失严重，为典型的淋溶剥蚀区；以东为低山、丘陵，海拔多为 100～1000m，相对高差在 500m 以下，河谷较宽坡麓低地多被黄土覆盖。再往东就是山前冲积平原，海拔为 10～100m，地面坡度一般为 1/660～1/3000，地面剥蚀慢慢减弱。再往东就是冲积平原，地势平坦，坡降多为 1/3000～1/6000 海拔在 20m 以下，河流冲淤基本平衡。最东边就是白洋淀，地势最低，是典型的地球化学累积区，是一个特殊的水陆交错生态系统。以黄海高程 100m 等高线划分，山区面积 1.65 万 km²，占总面积的 53%，平原面积 1.47 万 km²，占总面积的 47%。

1.3.2 土壤植被

白洋淀流域主要形成了棕壤、棕壤性土、褐土、淋溶褐土、土娄土等 23 类土壤，其面积占流域总面积的 95%。其中，褐土和潮土的分布面积最广，分别为 14975km² 和 8194km²，约占流域面积的 51.76% 和 17.78%，其次为酸性粗骨土、棕壤和淋溶褐土，其面积分别为 3726km²、1688km² 和 865km²，约占流域面积的 11.71%、5.3% 和 2.72%，其他类型土壤面积均在 800km² 以下。

白洋淀土壤的地质构造大部分为第三纪红色黏土层，第四纪从太行山上冲下来的冲积物覆盖于第三纪地层上，堆积而成冲积扇，并在其上堆积了马兰黄土。土壤母质主要是第四季洪积物所组成。土壤类型复杂多样，适用于多种作物生长发育。在农业用途的土壤中，以石灰性褐土为主，约占耕地的 80%，其次是潮土、草甸土等。

1.3.3 生物多样性

白洋淀总面积约 360km²，平均年蓄水量为 3 亿～4 亿 m³，是华北平原最大的淡水湖泊，被誉为"华北之肾"，也是雄安新区发展的重要生态水体。通过连续多年的治理与修复，白洋淀水质提升至Ⅲ类。白洋淀湿地生物多样性资源丰富，有野生鱼类 54 种，鸟类 220 种，其中包括丹顶鹤、白鹤、大鸨、东方白鹳等国家级重点保护野生动物，湿地代表植物——芦苇的生长面积约 13.5 万亩。白洋淀为典型的内陆湖泊，保护该区域的湿地生态环境对河北及华北平原的生态安全具有重要作用。

白洋淀常见的大型水生植物有 47 种，包括 21 种挺水植物，7 种浮叶植物，4 种漂浮植物，15 种沉水植物。芦苇是白洋淀最重要的经济植物之一。淀区水域辽阔，形成了以莲花、芦苇、芡实、菱角等经济价值较大的水生植物群。

陆生植物主要以阔叶树种为主。常见木本植物有杨树、柳树、刺槐、苹果等，草本类以菊科、豆科为主，农作物有小麦、玉米、水稻、高粱、大豆等，小麦、玉米种植面积占总种植面积的 90% 以上。

白洋淀湿地轮虫密度随汛期变化较为明显，汛前轮虫密度明显高于汛中和汛后，经过汛期影响，轮虫密度下降。白洋淀湿地仍有水体富营养状况存在。白洋淀湿地浮游动物群落结构特征表现为逐渐向小型浮游动物较多的群落特征发展，这与其他白洋淀湿地浮游动物相关研究一致；无论是淡水湖泊还是临海湿地都有浮游动物群落结构逐渐小型化的现象，水体富营养化程度较高会导致浮游动物群落结构整体往小型发展；白洋淀湿地浮游动物群落结构小型化的原因可能是水体富营养化和发展淀区水产养殖业；张佳敏等研究了武山湖水体中的桡足类受到鲢鳙等杂食性鱼类捕食的影响，浮游动物群落结构也以小型和适应污染环境的种类为主。

白洋淀淀区大型底栖动物的生物量主要表现为淀区南部大于淀区北部。生物多样性表明，白洋淀流域中部地区高于沿岸地区。生态系统健康状况评价结果表明，湖泊边缘的西南和东南区域健康状况最好，其次是中南，最差的是西部污染区。大型底栖无脊椎动物受到沉积物和水环境的共同影响，营养丰富和环境质量相对较好的地区导致了大型底栖动物的繁殖和生物量的增加。空间异质性的增加，导致物种数量的增加，从而增加了生物多样性。群落结构的季节性变化与大型底栖无脊椎动物的周期性生活史有关。白洋淀流域大型底栖无脊椎动物群落结构主要表现为春季严重扰动，夏季和秋季轻度扰动。这主要是由于居民的生产和农业活动（春播和施肥等）造成干扰。同时，植物冬季形成的腐殖质通过沉降改变了表层沉积物，极大地影响了大型底栖无脊椎动物的群落结构。底栖无脊椎动物主要由摇蚊科幼虫组成，分布在淀区、河流和水库各个流域，物种分布较均匀，张子良等（2023）所采集的水生昆虫种类在拒马河及沙河 16 个采样点集中分布，物种分布具有不均匀性。白洋淀淀区在 2 次采样中物种组成变化较小，主要为田螺科、椎实螺科、摇蚊亚科、直突摇蚊亚科和颤蚓科，采到蚌科的概率较小。由于水较深，2 个水库（西大洋水库和王快水库）物种组成较为简单，主要由直突摇蚊亚科和颤蚓科组成，在距离岸边较近的采样点环棱螺属也有分布。4 条河流情况不同，府河与孝义河紧邻居民生活区，受人为影响较大，比如居民将生活废水和垃圾 431 等不进行分类处理排放到河道，农田灌溉和喷洒农药等都对河流产生一定影响，但 2019 年对其调查监测发现已有改善，河流岸边设有栅栏等设施，对其具有一定保护隔离作用；沙河水流较快，沉积物主要为沙质且水质较为清洁，蜉蝣目和色螅科等一些节肢动物的幼虫常栖息此处；拒马河主要开发旅游业，旅游、餐饮和生活废水对其影响较大，但水质较为清洁且水流较为缓慢，医蛭科和石蛭科常栖息此处，采集到水生昆虫种类较多。拒马河源头采样点位于县城公园内的湖泊，人为活动对其影响较大，使其沉积物逐渐加厚，底栖动物种类也明显增加。

1.4 白洋淀上游流域气候气象

白洋淀上游流域主要流经保定市。保定市地处温带半湿润季风区域，大陆性气候显著，四季分明，春季干燥多风，夏季炎热多雨，秋季天高气爽，冬季寒冷少雪。平均气温 12.3℃，1 月最低，极端最低气温 −23.7℃，7 月最高，极端最高气温 43.3℃。多年平均降水量为 575.2mm，雨季多集中在 7—9 月三个月，约占年平均降水量的 70%。年最大降水量 935.6mm，年最小降水量 206.9mm，年平均蒸发量为 1728mm，最大风速 23m/s，主导风向为西南风。最大冻土深度 55cm，无霜期平均 190d。

白洋淀上游水系主要分布在保定市境内，主要包括拒马河、白沟河、萍河、瀑河、漕河、府河、唐河、孝义河、潴龙河（由北向南逆时针依次），其中拒马河上游、白沟河、漕河上游、府河上游、孝义河下游、潴龙河上游常年有水；瀑河、萍河季节性有水。

保定市年均水资源总量为 27.3 亿 m³，平均降水量为 498.9mm，多年平均降雨天数约为 68d；但是雨水主要集中于全年 6—8 月，以每年 7 月较多。全年平均水分蒸发量为 1430.5mm。保定市水系位于海河流域，"华北明珠"白洋淀的上游。境内水系呈现扇形分布，自成水系。

2022 年，保定市全市自产地表径流量约 10.40 亿 m³（折合径流深 93.2mm），比上年减少 45.9%，比多年平均（1956—2000 年）减少 25.8%。保定市 2022 年自产地表径流均为山区产流，平原区无产流。水资源分区及各县（市、区）自产径流量详见 2022 年水资源分区及各县（市、区）自产径流汇总表（表 1−1）。

表 1-1
2022 年水资源分区及各县（市、区）自产径流汇总表

水资源分区	径流量/10⁸m³	折合径流深/mm	县（市、区）	面积/km²	径流量/10⁸m³	折合径流深/mm
大清河山区	10.4013	93.2	涞水	1323	1.3172	99.6
			易县	2016	1.9527	96.9
			徐水	86	0.0764	88.9
			满城	318	0.2826	88.9
			顺平	470	0.4177	88.9
			唐县	1183	1.0513	88.9
			曲阳	843	0.7491	88.9
			涞源	2448	2.3584	96.3
			阜平	2471	2.1959	88.9
合计	10.4013	93.2	合计	11158	10.4013	93.2

1.5 白洋淀上游流域经济状况

1.5.1 区域与人口

白洋淀上游流域保定市地处河北省中部，与北京、天津形成三足鼎立之势。辖 3 市、6 区、12 县，另设 1 个开发区，总面积 1.9 万 km²，2020 年 11 月常住人口 924.26 万人。市区（莲池区、竞秀区、高新区、满城区、清苑区、徐水区）面积 2564.57km²。保定市城市性质为：国家历史文化名城，以先进制造业和现代服务业为主的京津冀地区中心城市之一。2021 年，保定市域规划总人口 1152.45 万人，其中规划城镇人口 657 万人左右，城市化水平达到 57% 左右。中心城区城市规划人口 205 万人。

1.5.2 土地利用

白洋淀上游流域包括河北省保定市、石家庄市部分地区、山西省部分地区、北京市房山区，土地总面积 39474.2km²，有耕地 9701km²，约占土地总面积的 24.58%。本区围绕环省会、环京津城市群和粮食生产基地建设，重点保障高新技术产业、民用航空、新能源设备、装备制造、生物制药、纺织、电子信息、新材料、现代服务业用地，促进省会和区域中心城市及环省会、环京津小城镇发展。积极发展农业生产，建设高标准基本农田。

1.5.3 农业

白洋淀上游流域保定市 2021 年农业总产值约 880.04 亿元，其中，农业产值 493.85 亿元，林业产值 32.44 亿元，牧业产值 304.14 亿元，渔业产值 2.85 亿元。保定市、北京市、天津市、山西省 2021 年农林牧渔业产值情况在表 1-2 中列出。

根据保定市 2022 年国民经济和社会发展统计公报，全年粮食播种面积 1012.4 万亩，比上年增长 0.4%。粮食总产量 419.0 万 t，增长 1.0%。其中，夏粮产量 180.1 万 t，增长 0.5%；秋粮产量 238.9 万 t，增长 1.3%。蔬菜及食用菌播种面积 109.5 万亩，比上年

表1-2	农 林 牧 渔 业 产 值 表				单位：亿元
地区	农林牧渔业总产值	农业产值	林业产值	牧业产值	渔业产值
保定市	880.04	493.85	32.44	304.14	2.85
北京市	269.50	123.00	88.80	46.30	4.40
天津市	509.26	258.39	9.50	142.48	80.93
山西省	2134.02	1223.14	159.80	624.39	9.12

增长8.5%；总产量440.8万t，增长2.9%。其中，食用菌（干鲜混合）产量11.6万t，增长18.0%。中草药材产量13.4万t，比上年增长17.7%。园林水果产量137.4万t，增长12.7%。瓜果类播种面积23.6万亩，增长6.0%；产量81.6万t，下降0.2%。猪牛羊禽肉产量55.2万t，比上年增长3.5%。其中，猪肉产量30.3万t，增长2.7%；牛肉产量4.4万t，增长6.4%；羊肉产量8.7万t，增长4.6%；禽肉产量11.8万t，增长3.5%；禽蛋产量27.8万t，增长3.3%；牛奶产量42.9万t，增长12.4%。

1.5.4 工业

白洋淀上游流域保定市2021年企业单位数2034个，资产总计5874.28亿元，流动资产合计3286.52亿元，平均用工人数29.6万人。

保定市工业增加值1042.1亿元，比上年增长2.8%（见图1-1）。其中规模以上工业增加值增长0.8%。在规模以上工业中，分经济类型看，国有及国有控股企业增加值增长11.6%，股份制企业增长1.6%，外商及港澳台商投资企业下降9.2%。分门类看，采矿业增加值下降10.7%，制造业下降0.1%，电力、热力、燃气及水生产和供应业增长10.3%。规模以上工业中，农副食品加工业增加值比上年增长16.8%，食品制造业增长10.3%，烟草制品业增长7.8%，纺织业增长0.1%，医药制造业增长5.2%，非金属矿物制品业增长2.7%，专用设备制造业增长15.6%，电气机械和器材制造业增长8.3%，电力、热力生产和供应业增长13.2%。全市规模以上工业企业实现营业收入3738.4亿元，比上年下降5.5%；实现利润总额128.0亿元，下降10.0%。全社会建筑业增加值350.6亿元，比上年增长14.0%。具有资质等级的总承包和专业承包建筑业企业利润27.4亿元，增长1.8%，其中，国有控股企业1.6亿元，增长1.1%。

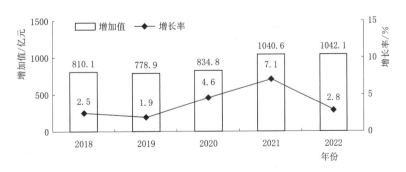

图1-1　2018—2022年保定市工业增加值及增长率

1.5.5 旅游业

2016年，以保定市的涞水、易县、涞源三县为基础的京西百渡休闲度假区在河北省首届旅发大会上惊艳亮相。该项目建设打破了传统行政区划的界限，将涞水、易县、涞源三县旅游资源进行整体规划设计，该度假区不仅联动整合了涞源、涞水、易县三县的资源和市场，还深化了京津冀的旅游一体化进程，以行政区域构建旅游区域，并实现整体全域发展，此举在省内尚属首次。

2017年9月21日，由中共保定市委、保定市人民政府主办的"首届保定市旅游发展大会"在高碑店市开幕。本届大会以"新业态、新体验、新品牌"为主题，采用"旅游＋"思维，统筹推进全域旅游和产业融合发展。

2018年9月20—22日，第二届保定市旅游发展大会由中共保定市委、保定市人民政府主办，期间举办优质旅游品牌论坛、旅游推介暨文化展演、旅游项目观摩等活动。大会以"新休闲、微度假、慢生活"为主题，奉献了一场"智慧、特色、品质"的精彩盛会。

2020年9月，第三届保定市旅游产业发展大会采取"小线下、大线上"的融合方式，以"技术驱动、价值赋能"为服务理念，打造以"云"为媒，线上线下融合，科技驱动、智慧办会，农旅联动、产业赋能的三大亮点。本次旅发大会充分展现了革命老区。

2021年9月，第四届保定市旅游发展大会以"展城乡新貌，促产业振兴"为主题，包括文化旅游推介、高端研讨会、项目观摩、旅游推进会、夜经济体验等重点活动，期间将举办"保定有味""保定有戏""保定有术""保定有品""保定有智""保定有礼"六大主题系列活动。

2022年9月7—8日，第五届保定市旅游发展大会以"促产业发展，享品质生活"为主题，重点打造了徐水区瀑河生态休闲度假区、刘伶醉国家AAAA级工业旅游景区、长城汽车工业旅游区、卓正神农现代农业示范园、凯年果树休闲庄园，清苑区冉庄红色文旅小镇、好梦林水微度假体验区、正迪欢乐世界文化创意园等8个重点观摩项目。

2023年9月21—22日，第六届保定市旅游发展大会召开，保定市遭遇了百年不遇的洪涝灾害，文旅行业也不同程度受到了影响，举办好本届文旅大会具有特殊重要意义。本届大会以"奋进新保定 同心创未来"为主题，按照"品质、活力、节俭、安全、有序"总体要求，大力弘扬抗洪精神，把举办文旅大会作为提信心、树形象、促消费、优产业的有力抓手和载体。大会由中共保定市委、保定市人民政府主办，莲池区委、区政府，高新区党工委、管委会，保定市文化广电和旅游局共同承办，充分挖掘整合莲池区、高新区明清文化、遗址遗迹、城市景观、现代休闲、高新技术产业等资源优势，打造集文化博览、文化体验、文化创意、休闲度假等功能于一体的"保定古城文化旅游核心区"。

保定市文化广电和旅游局的官网标题是"文化名城，山水保定"，其中有两个关键词分别是"文化"和"山水"。保定市的旅游特色也同样是两方面：一是以历史遗迹为代表的人文景观；二是以青山绿水为代表的自然景观。

人文是保定市深沉的灵魂。物华人杰汇聚于此，造就了保定市这一座人文瑰丽之城。

保定市历史上被视为北京的南大门，畿辅之责成就了一座军政与书香并重的古城。有埋葬4位清朝皇帝的清西陵；经私人、官府、书院、行宫和公共园林的历史变迁，被誉为中国十大名园之一的古莲花池；被誉为"中国近代军事家摇篮"的保定陆军军官学校。保定市的红色文化旅游也极具潜力。冉庄地道战遗址、五壮士跳崖的狼牙山、晋察冀边区革命纪念馆等为保定市的红色文化旅游提供了强大的动力和支撑。

山水是保定市流动的底色。两水交汇，得名城沃野；两山交汇，见丽水奇峰。自然景观以白洋淀、白石山、野三坡为代表。保定市白洋淀景区风景秀美，水产丰厚，诗赞"北国江南"，歌咏"鱼米之乡"，现为国家 AAAAA 级旅游景区。白石山国家地质公园因其风光酷似安徽黄山而被人们称为"小黄山"。位于河北省保定市涞源县城南 15km 处，因山多白色大理石而得名，体现着雄、奇、险的山岳景观，也是国家 AAAAA 级旅游景区。野三坡主要景点包括百里峡景区、拒马河景区、龙门天关景区、白草畔森林游览区、鱼谷洞、印象野三坡等，是中国北方极为罕见的融雄山碧水、奇峡怪泉、文物古迹、名树古禅于一身的风景名胜区，是农村旅游先进典型、全国农业旅游示范点、国家文化产业示范基地、国家生态旅游示范区。

灵动的山水风景和丰厚的人文历史底蕴，是保定市打造旅游品牌得天独厚的资源优势，也是保定市全域旅游融合发展的重要基础。自 2016 年来保定市一直紧紧追随国家和河北省部署的全域旅游战略，着力探索全域旅游开发新模式。从鲜为人知到远近闻名，保定市正逐渐由单一山水观光向休闲度假的模式转型，促使文化与旅游完成更深入的融合。从更大的格局看，旅游业也正在成为保定市经济发展和结构调整的重要支撑，成为京津冀协同发展的重要发力点。

参 考 文 献

［1］ 彭艳芬. 白洋淀文化：一万年的积淀一千年的起点 [J]. 党建，2017 (5)：58-61.

［2］ 任会来，杨学新. 白洋淀水环境变迁及研究述评（1949—2017）[J]. 廊坊师范学院学报（社会科学版），2023，39 (1)：77-81.

［3］ 刘丹丹. 白洋淀水资源量变化及其原因分析 [D]. 保定：河北农业大学，2014.

［4］ 罗义，马恺，赵丙昊，等. 白洋淀入淀河流水环境现状分析 [J]. 建材与装饰，2020 (10)：144-145.

［5］ 赵卫红. 保定市土地利用区域差异评价与可持续利用研究 [D]. 保定：华北电力大学（河北），2006.

［6］ 保定市 2022 年国民经济和社会发展统计公报 [N]. 保定日报，2023-04-16 (A03).

［7］ 田蒙. 全域旅游背景下保定市旅游城市形象提升策略研究 [D]. 石家庄：河北经贸大学，2022.

［8］ 武志鑫，王玺，刘瑀璇，等. 白洋淀流域大型底栖无脊椎动物群落结构分析 [J]. 河北大学学报（自然科学版），2022，42 (4)：424-432.

［9］ 赵芳. 白洋淀大型水生植物资源调查及对富营养化的影响 [J]. 环境科学，1995 (S1)：3.

［10］ 李硕. 河北"华北之肾" [J]. 森林与人类，2022.

［11］ 张树彬，任启文，王鑫，等. 白洋淀湿地水生植物群落物种多样性及对环境因子的响应 [J]. 山东林业科技，2023，53 (1)：35-40.

［12］ 王义弘，吴婷婷，范俊功，等. 白洋淀夏季鸟类群落及类群多样性 [J]. 河北大学学报：自然科

学版，2018，38（4）：6.

［13］ 张子良，朱弘阳，杨志昭，等. 白洋淀湿地浮游动物群落结构与水质评价［J］. 农业技术与装备，2023（5）：65-67.

［14］ 张佳敏，高健，杨诚，等. 以鲢、鳙放养为主的武山湖后生浮游动物群落结构特征［J］. 长江流域资源与环境，2021，30（8）：1848-1857.

［15］ 何航. 白洋淀水环境承载力与绿色发展协同关系研究［D］. 贵阳：贵州大学，2021.

2

白洋淀上游流域现状

2.1 水安全现状

白洋淀流域位于温带大陆性半干旱季风气候区，年平均降水量仅为 523.4mm，远低于全国平均水平。水资源总量有限，加之流域人口众多，农业发达，导致流域水资源供需矛盾尖锐。白洋淀流域人均水资源量不足 300m³，远低于国际公认的人均 500m³ 的极度缺水线标准。研究表明，气候变化和人类活动对白洋淀流域径流量的影响贡献率分别为 40% 和 60%，其中人类活动的过度干扰是造成白洋淀流域水资源量匮乏的主要因素。

流域水资源开发利用率高达 128%，超过水资源总量。入淀地表径流较 1980—2000 年减少 45%，主要入淀河流除白沟河、府河和孝义河外，其他河流基本长年断流。这使得流域严重缺水，直接导致白洋淀山前平原浅层地下水埋深从 20 世纪 80 年代初期的 6m 下降到目前的 25m 左右，累计超采地下水资源量约 230 亿 m³。研究表明，当人类活动用水量超过河流总流量 40% 时，生态环境将受到破坏。白洋淀流域的人类活动用水量已达地表径流量的 89%，严重危及河流水质和生态安全。

白洋淀流域水质情况在 20 世纪 70 年代初以前总体较好，水质达到或好于Ⅲ类水。然而，进入 21 世纪，由于入淀水量急剧下降的影响，水质等级多处于Ⅳ类、Ⅴ类，甚至在 2005 年、2006 年、2014 年和 2015 年达到劣Ⅴ类。近年，白洋淀淀外污染源尚未彻底切断，污染物总量居高不下，对淀区污染负荷的贡献率达到 50%。其中，上游地区主要污染物化学需氧量和氨氮年入河量分别超出现状限排总量的 3.3 倍和 13.1 倍，水功能区水质达标率仅 27.7%；淀区内居民生活、农业生产以及大规模粗放式养殖等人类生产活动造成严重的内源污染问题，对淀区污染的贡献超过 30%。

近 40 年来，白洋淀湿地面积呈现减少和干化趋势，湿地景观趋于破碎，生态功能下降。20 世纪 60—70 年代是白洋淀生物资源最为丰富的时期，之后受干旱、水体污染影响，生物资源（包括水生植被、浮游植物、浮游动物、大型底栖动物和鱼类）呈逐渐减少趋势；溯河鱼类和顺河入淀鱼类基本消失或绝迹；淀内芦苇产量也由 60 年前每年 8000 万 t 下降到目前不足 4500 万 t。

在这样严峻的情况下，相继实施的补淀工程勉强维持了淀区基本生态需求，但在新区建设的大背景下，白洋淀水环境整治和生态修复面临的问题依旧突出。①流域水资源极为短缺。白洋淀流域 1965—2012 年平均降水量 523.4mm，比 1956—1964 年的均值减少了22％，流域径流量相应减少 50％，入淀水量相应减少 69％。20 世纪 50 年代末到 60 年代初，白洋淀上游修建了大批大中小型水库，总库容 36.19 亿 m^3，使白洋淀流域丰水年地表水资源开发利用率超过 60％，平枯水年高达 95％。在流域天然降水减少和开发利用强度激增的双重胁迫下，流域内水资源短缺情势更为严重，生态用水被严重袭夺。②河湖生态用水保障程度低。随着流域降水减少和上游水利工程的拦蓄，流域各条河流中仅府河承接保定市区排放污水，能保证常年有水进入淀区；白沟河日常上游来水量极少、汛期有短促雨水汇入，不足以维持河道生态；其他几条入淀河流几乎常年干涸，河道生态已被完全破坏。伴随河道的干涸，白洋淀上游来水锐减，1998 年至今白洋淀水位几乎年年逼近干淀警戒水位。为维持白洋淀水生态功能开始跨流域调水补给，依靠"引黄济淀"工程，白洋淀从此进入频繁补水的低水量维持基本生态功能阶段。③地下水超采问题突出。白洋淀新区范围内，2010—2014 年平均年供水总量为 3.06 亿 m^3，其中地下水供给量为 2.88 亿 m^3，占总供水量的 94％。从用水情况看，农业灌溉用水总量为 2.16 亿 m^3，其中 2.09 亿 m^3由地下水供给，占用水总量的 97％。从所处的流域来看，大清河流域平原区年均超采地下水量为 10.4 亿 m^3，浅层地下水平均埋深从 20 世纪 70—80 年代的 5m 下降到当前的24m，局部地区地下水埋深超过 40m，全流域地下水超采问题严重，也是白洋淀难以修复的关键问题。为了实现水资源的可持续利用，应该制定水资源管理措施，控制开发利用率，保障生态用水。同时，加强污染治理，改善水质，保护湿地，提高湿地功能和多样性。综合运用自然与人工手段，实现白洋淀流域的可持续发展，为当地百姓提供清洁水资源和优美生态环境。

20 世纪 50—60 年代，白洋淀水质清澈、水产资源丰富，70 年代以后，随着白洋淀流域内工农业的迅速发展和人口的剧增，使白洋淀水域遭受污染，水体富营养化严重，白洋淀现已有 80％的水域处于富营养状态，13％的水域处于重富营养状态，7％的水域呈极富营养状态。在 2013 年发布的河北省环境状况公报中显示，承担重要生态调节作用的"华北明珠"白洋淀水质为劣 V 类、V 类水质。水体的污染不但残害着淀内的生物，且污水长期以来的渗透使淀内及周围村庄居民引用的地下水也受到了污染，严重影响居民们的生命安全。

2.2 水环境现状

水环境主要是指自然界中水的形成、分布和转化所处的空间环境。水环境的破坏因素离不开人类活动与自然的不协调发展，20 世纪 50 年代中国工业化起步阶段，水环境污染问题并不突出，改革开放以来中国工业化进入向世界工业大国迈进的新阶段，工业化的大规模展开使得水环境污染愈加严重。因此人类活动是否能与水环境保护实现协调可持续是社会经济发展的一大难题，水环境承载力为环境生态治理提供重要依据。

水环境承载力可定义为一定区域、一定时期、一定技术水平条件和环境状态下，以可持续发展为原则，以维持水环境系统结构特征和功能正常发挥为前提，水环境系统对该区域经济发展的支持能力，是衡量人水关系协调程度和区域可持续发展水平的重要标尺。水环境承载力评价问题涉及的影响因素众多，如水环境质量标准、水环境容量、水环境自净能力、流域水资源量、社会生产力水平、科学技术水平、人类生活水平、政策法规和规划等。各因素相互影响、相互制约，且其对水环境承载力的影响程度不尽相同，并且受到数据稀缺和主观判断的影响，这些因素及其相互作用具有许多不确定性特征。

白洋淀水环境承载力超载的主要表现包括水质下降、生物多样性减少、湖泊干淀等现象。长期以来，这些问题对白洋淀的生态环境造成了严重破坏，也对周边社区的生活和经济发展产生了负面影响。

关于水资源承载能力的定义，从不同研究角度有不同的定义，尽管在表述上各有不同，但其表现的基本观点和思路并无本质差异，主要涉及以下三方面：①水资源的承载力其主体是水资源；②水资源的承载力其客体是人类所生存的社会经济系统以及生态环境系统；③水资源的承载力主要具有一定的空间、时间属性。

白洋淀的水资源承载能力，是指白洋淀的生态环境系统在现有技术条件和管理水平下，能够在不破坏生态平衡、不降低水质的前提下，所能承受和吸纳的最大水资源利用和污染排放的能力。这一个复杂的系统工程，与自然条件（如降雨、蒸发等）、地理环境、生态环境以及人类活动等多种因素密切相关。在过去的几十年里，由于气候变化、人口增长、经济发展等原因，白洋淀的水资源承载能力面临着严峻的挑战。一方面，气候变化和人为因素导致白洋淀的入淀水量减少；另一方面，由于工业化、城市化的快速发展，白洋淀承受的污染负荷也在增加。

20 世纪，白洋淀多年平均入淀水量 50 年代后期为 23.96 亿 m^3；60 年代为 17.31 亿 m^3，为 50 年代后期的 72%；70 年代为 11.43 亿 m^3，为 50 年代后期的 48%；80 年代为 2.37 亿 m^3，为 50 年代后期的 10%；90 年代为 6.50 亿 m^3，为 50 年代后期的 2.7%。总体呈减少趋势，特别是 80 年代平均入淀水量降至 1956—1999 年最小值，仅为 50 年代后期的 10%，进入 21 世纪，入淀水量更是跌至 50 年代后期的 0.2%。

20 世纪 60 年代以前，白洋淀流域降水量丰沛，且上游河流无水库等拦蓄工程，汛期大量洪水下泄，使白洋淀年平均水位维持在 8.5~9.5m，水面多在 300km² 左右。20 世纪 60 年代以来，白洋淀上游陆续修建 5 座大型水库和 1 座中型水库，流域水资源开发利用程度不断增加，导致入淀水量大幅减少，20 世纪 80 年代出现连续干淀现象。2000 年后，白洋淀以上流域平均水资源总量 23.16 亿 m^3，地表、地下实际平均供水量为 38.43 亿 m^3，入淀水量已近枯竭。在此背景下，20 世纪 80 年代开始先后实施了"引岳济淀""引黄济淀"等应急补水工程，目前每年通过"引黄济淀"工程向淀区补水 1.1 亿 m^3，勉强维持了淀区 10 万人民生活、生产的基本需求，以及白洋淀不干淀的生态环境最低要求。

"水量"的多少直接决定了白洋淀的"干淀"是否发生，水位是衡量"水量"多少的重要指标。基于此，学术界在论及白洋淀"干淀"频次时多以白洋淀水位作为参考指标。冯光明等以白洋淀十方院实测水位低于 6.5m（大沽高程）视为"干淀"，认为 20 世纪 50 年代以来，白洋淀共发生"干淀"的年份有 13 年，其中 60 年代有 2 年、70 年代有 4 年、80 年代有 7 年，特别是 1983—1987 年连续 5 年彻底干枯。贡景战等以白洋淀十方院水位低于 4.68m（黄海高程）为"干淀"，指出 20 世纪 20 年代、60 年代各出现"干淀"1 次，

70年代出现4次"干淀"，80年代则连续5年出现"干淀"现象，其中1984年与1985年全年干淀，形成了历史上最严重的干枯现象。李琳琳等认为白洋淀20世纪60年代"干淀"1次，70年代"干淀"3次，1984—1988年连续5次"干淀"，1997—2004年连续8次"干淀"。刘春兰等认为白洋淀20世纪60年代出现"干淀"2次，70年代出现4次，80年代连续5年出现"干淀"，2000—2003年连续3年有"干淀"现象。姜海认为，20世纪50年代干涸1次，60年代干涸3次，70年代干涸5次，80年代干涸7次，特别是在1983—1988年连续5年"干淀"。

"干淀"会对白洋淀生态系统产生灾难性的影响，包括降低生物多样性、破坏栖息地，和水质恶化，进而导致水资源的短缺。此外，它还会对社会经济产生巨大影响，威胁到渔业和旅游业，加剧水资源短缺，并可能引发一系列地质灾害。

入淀水量的减少，引发了一系列水环境问题。一是湖泊水位降低。入淀水量减少导致湖泊水位降低。随着水位的下降，湖泊的面积可能减小，湖泊生态系统受到严重影响。二是导致湿地生态系统的退化。湿地对于维持生态平衡，提供生物多样性，净化水质等都具有重要的作用。湿地的退化可能会导致物种减少，生物多样性下降，对整个生态系统的健康产生影响。三是水质恶化。当入淀水量减少时，湖泊的排污能力下降，易使得湖泊水质恶化。长期以来，白洋淀接受了大量的污染物负荷，导致湖泊水质进一步恶化。最后是经济影响。白洋淀是华北地区的重要水资源，也是当地旅游业的重要景点。水量的减少，影响当地农业的灌溉，饮用水的供应，渔业的发展，以及旅游业的繁荣，从而对当地的经济发展产生影响。

2.2.1　污染原因

白洋淀水域辽阔，造成水污染原因众多。①农业排污：农业活动是导致白洋淀流域水污染的主要原因之一。过度使用化肥和农药可以导致大量的氮、磷等营养物质进入水体，引发水体富营养化。②工业排污：白洋淀周边存在许多工业企业，这些企业如果没有有效的废水处理设施，就会将含有重金属和有害化学物质的废水直接排放入水体，严重污染水质。白洋淀内村庄曾有鞋厂、无纺布工厂和许多小型作坊。因曾经没有系统性的环境污染排放的要求，存在乱排乱放的现象，虽然现在管控严格，但污染物产生的潜在风险性和危害性是长期的。随着白洋淀经济的发展，淀中村水域周边又建起许多小企业工厂，有服装厂、无纺布工厂等，依然存在生产废水排入淀的现象。③生活污水排放：城市生活污水和农村的生活污水有未经处理直接排放到水体中。白洋淀淀区及周边有39个纯水村、约10万居民，每天产生大量的生活污水和垃圾，但缺乏有效的处理措施，对淀内水质造成很大污染；近年旅游业的快速发展，使旅游旺季游船、游客大量增加，由于人们的环保意识淡薄，也给白洋淀生态环境带来不利的影响；淀区人民为了发展经济，大面积开发围堤养鱼、养蟹等人工水产养殖，使淀内水体流通性变差，并投放大量的饲料，这些因素都会对白洋淀的水体造成污染。④养殖污染：白洋淀地区鱼类、家禽等养殖业发达，未经处理的养殖废水和粪便也会被排放到水体中，造成水体污染。⑤流域管理问题：白洋淀流域的跨区域性使得其治理难度加大，各地区之间的协调和管理难以到位。

从20世纪90年代开始，随着上游水利工程的修建以及周边区域地下水的超采，造成了入淀河流的季节性断流，入淀水量减少，加上周边地区的工业废水、生活废水和水产畜禽养殖废水通过各种途径不断汇入淀区，多种因素共同导致了白洋淀水生态环境的不断恶化，大部分区域水质为Ⅴ类或劣Ⅴ类。

2.2.2　营养盐污染

湖泊富营养化是浅水湖泊水环境面临的严峻问题，氮、磷等营养物质过量输入，会引起湖泊水生态系统功能和结构退化。

李璠等收集了多年来白洋淀淀区各个国控监测断面氮磷元素的质量浓度值，并运用ArcGIS空间分析功能中的空间插值法来模拟白洋淀整个淀区氮磷营养元素的空间分布。他们依据已获得的氮、磷元素的空间分布图和相关的历史文献资料，推断得出：自1999年以来，白洋淀淀区就一直处于富营养化状态，而且淀区富营养化的主要来源是淀区周围农村产生的生活污染和淀区内部的水产养殖。究其原因，最主要还是因为白洋淀淀区经济快速发展，旅游业迅速兴旺，淀区周边农民大规模的水产养殖所引起的。

2020年白洋淀表层沉积物底泥层 TN 含量均值为 2859.91mg/kg，TP 含量均值为789.22mg/kg，过渡层氮磷含量显著低于底泥层，TN 平均含量为 1706.7mg/kg，TP 平均含量为 598.97mg/kg。与中国东部主要湖泊表层沉积物氮磷含量相比，白洋淀表层沉积物 TN、TP 含量处于较高水平。白洋淀表层沉积物 TN 总储量为 15.86×10^4 t，其中底泥层 TN 储量为 3.76×10^4 t，过渡层 TN 储量为 12.10×10^4 t；TP 总储量为 5.54×10^4 t，其中底泥层 TP 储量为 1.02×10^4 t，过渡层 TP 储量为 4.52×10^4 t；各亚区氮磷储量相比，烧车淀表层沉积物 TN 和 TP 储量最大，分别占氮磷总储量的 25.67% 和 17.36%。白洋淀流域氮和磷负荷主要来自于种植和土壤侵蚀，COD 负荷主要来自于畜禽养殖和城镇污水。综合来看，种植、畜禽养殖、土壤侵蚀和城镇污水是影响白洋淀流域氮、磷、COD 污染物的核心污染来源，属于优先控制源。非点源污染是氮、磷和 COD 主要来源，且其来源多样，监管防控难度大，是白洋淀流域氮磷污染防控的重点。白洋淀水体中 TN 含量大多春季＞夏季＞秋季，TP 含量大多夏季＞秋季＞春季，水体中 TN、TP 主要来源于生活源污染和养殖业。

白洋淀水体富营养化由高到低分别为入湖区、非湖心区、湖心区，2008—2022年富营养状态呈现出显著下降的趋势。叶绿素 a 与高锰酸盐指数、TP 为正相关性，与透明度为负相关性，与 TN 无明显相关性。

2.2.3　重金属污染

水体的重金属污染主要来源于工业废水、城市污水和农业活动。例如，矿山开采、冶炼等工业过程会产生含有重金属的废水；城市污水包括家庭生活污水和雨水径流，其中可能含有重金属；农业活动中过度使用某些肥料和农药也可能含有重金属。重金属在水体中有生物积累性和持久性，这些元素会通过食物链传递，导致生物体内重金属浓度升高。人类通过饮水或食用含有重金属的食物，可能会摄入过量的重金属，对人体健康造成威胁。例如，铅可以影响神经系统，汞可以毒害肾脏和大脑，而镉则可能导致肾脏疾病。

白洋淀重金属污染来源及其空间分布规律的研究有助于治理淀区水环境、控制淀区周边工农业的污染和雄安新区的生态文明建设。目前，很多学者还是采用 ArcGIS 软件分析污染物的空间分布变化规律。汪敬忠等在 ArcGIS 软件平台上对收集到的白洋淀淀区各采样点表层沉积物重金属浓度进行了处理，绘制出了重金属污染的空间分布图，发现白洋淀沉积物重金属的空间分布大体呈现出"中部高，南北低"的特点。后来，他们对流域内的河流和淀区表层沉积物的重金属数据进行系统聚类分析，发现在组间平均间距为"20"处分组时，河流和淀区沉积物分组结果的相似性很高，这表明河流入淀后带来的重金属是导致淀区重金属元素发生空间变化的主要因素。

白洋淀内重金属污染研究和分析多聚焦于淀内水体和底泥。研究表明白洋淀水体整体富营养化，底泥中的 As、Cd 属较重-重度污染。淀区陆面土壤污染分析与评价结果显示，本区陆面土壤中 Cu、Cd、Hg 背景值高，污染贡献也最为显著，其中，轻度重金属污染土壤中以 Cu、Cd 为主，而中-重度重金属污染的土壤中以 Hg 为主，且 Hg 也是显著高于区域背景值和强变异的元素。土壤重金属污染主要分布于农业用地，其中水田污染程度最重，说明农业活动是陆面重金属污染的重要来源。

白洋淀沉积物重金属含量空间分布存在差异性，北部淀区重金属含量较高。Cd 有较高的二次释放风险；Cr、Cu、Ni、Pb 和 Zn 的生物可利用性和可迁移性较低。污染程度与风险评价结果表明，白洋淀表层沉积物重金属整体呈低生态风险。白洋淀重金属 Cd、Cu 和 Zn 主要为周边工业污水排放和淀区村落的人为源输入；Cr、Ni 和 Pb 来源主要以土壤和岩石圈自然风化过程的自然源为主。

2.3　白洋淀上游河道存在问题

2019 年 8—10 月，对南拒马河、界河-龙泉河-清水河、潴龙河、瀑河、萍河、小白河（潴龙河左侧的主要排沥河道）等 6 条入淀河道进行了野外调查。南拒马河淤积严重，河槽内采砂严重，形成大量砂石坑，部分河段河道断面极不规则，主河槽内种植乔木、耕作农田，河道内每隔一定距离修建有过河土堤路，致使河床糙率增大。界河-龙泉河-清水河部分河段河道边界不明显，界河上游部分山区段在河道内修建停车场，河道过水断面大幅度缩窄。中游因多年未过水，村民在河道内栽种果树已有 15～18 年，部分河段有违法建筑物未清理，分布有大量砂石坑。下游河段部分桥下、河坡有垃圾堆积。潴龙河部分河段河道边界不明显，河道内种植树木、耕作农田、修建硬化道路。2018 年利用瀑河对白洋淀补水，清理了河道内的违法建筑、垃圾等，对河道内近年挖沙、取土遗留的沙坑进行了平整，但部分河段仍然边界不明显、形态不完整，并有修建小型驾校和硬化道路现象，仍存在河道内种植树木、留有砂石坑、无序堆砂等情况。萍河整条河道无水，部分河段河道形态已不存在，主河槽内因挖砂形成采砂坑，部分河段被占为农田，河道内种植树木。小白河部分河段被填满，河槽狭窄，部分河段被村民占为耕地，修建大棚，种植树木。

入淀河道大部分河段两岸植被带少，河岸植被带整体连续性差。在有植被带的河段，水平结构上，部分较窄且规则的河堤一般栽种有一行或两行小乔木，连续性较好；部分较宽河堤段种植有片状树林，宽度 30～60m，少有超过 100m 宽度情况，连续性差。垂直结构上，大多为乔木野草两层，少有乔木-灌木-草本多层结构。从河岸植被带树种来看，两岸植被带乔木多为杨树，树种单一。南拒马河部分河段有梧桐、栾树等树种；界河上游，两岸植被带有经济树种，如桃树、李子树等；潴龙河两岸植被带有栾树、漆树等；瀑河大多为杨树，上游部分河段两岸为柿树。

2.4　白洋淀上游河道综合整治原则

2.4.1　河道治理原则

河道治理是保护河道生态环境、维护水资源安全和实现水利工程与生态等多功能复合的重要措施。为了有效推进河道治理工作，河道治理原则大体可分为以下几点。

（1）以人为本原则：将人民群众的需求和利益放在首位，确保治理工作符合人民的期望和需求。在治理过程中，认真听取居民的意见和建议，把全心全意为人民服务作为河湖治理的根本宗旨，确保人民生命财产安全，增加老百姓的安全感、获得感、幸福感。

（2）生态优先原则：强调河道生态环境的保护与修复，确保生态系统的健康和稳定。在治理工作中，要注重生态环境的监测和评估，定期进行生态修复和保护项目，以促进河道生态系统的自然恢复并增强其生态功能。

（3）综合协调原则：在治理过程中，要综合考虑河道的水文、水资源、水质、生态、景观等各方面因素，同时与相关部门和利益相关者合作，形成综合协调的治理方案。此外，还需制定长期规划，确保治理工作与社会经济发展相协调。

（4）可持续发展原则：治理工作要注重长期效益，除了生态环境的可持续性，还应关注社会经济效益和社会公平性。在治理过程中，要避免过度开发和资源浪费，确保河道生态环境能够为未来几代人提供可持续的生态资源。

（5）因地制宜原则：治理方案要因地制宜，根据不同地区的自然条件、社会经济发展水平和文化特点，制定相应的治理方案。同时，还应灵活调整治理策略，以适应不断变化的环境和社会需求。

（6）经济合理原则：治理工作要经济合理，确保治理投入与效益相匹配，还应优先选择具有经济效益和社会效益的治理项目。此外，还可以引入市场机制，吸引社会资本参与治理工作，提高治理资源的利用效率。

（7）创新引领原则：积极推进技术和管理创新，提高治理效率和治理水平。可以探索新的治理方法和技术，同时加强科研和技术交流，促进治理经验的共享。

（8）可操作性原则：治理方案既要考虑工程技术可行性和社会支持程度，又要建立科学的治理管理体系，确保治理工作可以顺利实施。此外，还需建立监测和评估机制，及时发现问题并及时调整治理措施。

（9）公众参与原则：治理工作要扩宽公众参与途径，建立沟通渠道，促进治理工作的透明和民主。可以组织公众听证会、座谈会等形式，征求公众意见，增加公众对治理工作的满意度和支持度。

（10）风险评估原则：治理工作要进行全面的风险评估，评估治理可能带来的环境、社会和经济风险，采取相应的措施进行风险防范。进一步优化完善应急预案体系，提前做好风险应对措施，确保治理工作的顺利进行。

（11）法律合规原则：治理工作要遵守国家法律法规，除了确保治理工作合法合规，还应加强执法和监管力度，严厉打击环境违法行为，维护良好的治理秩序。

（12）全局观念原则：治理工作要具有全局观念，从整体上考虑河道治理与周边区域的关系，除了最小化对周边环境的影响，还应在治理中充分考虑区域协调发展，促进区域协同治理。

（13）长期规划原则：治理工作要有长期规划，除了确保治理工作能够持续进行，还应不断完善治理方案，根据治理效果进行调整和优化，实现河道生态环境的长期改善和可持续发展。

综上所述，河道治理原则涵盖了以人为本、生态优先、综合协调、可持续发展、因地制宜、经济合理、创新引领、可操作性、公众参与、风险评估、法律合规、全局观念和长期规划等方面。在实际治理工作中，必须充分考虑这些原则，确保治理工作能够达到预期效果，为人民群众提供更好的生态环境和水资源保障。综合整治方案按照"以人为本、人与自然和谐相处"的理念在水利与景观、防洪与生态、亲水与安全等方面协调统一。在保证防洪前提下，突出防洪工程的生态性。通过河道的整治建立具有综合功能、较高安全度的防洪体系，在减轻自然灾害对保护区造成的损失同时，使河道生态化，造福于沿岸群众。工程布置尽量考虑利用现有工程，努力减少对土地的占用，结构形式易于施工，工程完工后易于维护，使工程与河道生态相协调。

2.4.2　河流生态修复原则

河流生态修复是指采用人工干预的手段，增强和修复已受损的河流生态系统功能，进而实现河流生态系统自我保持、自身演替、整体平衡的良好循环。河流生态修复工作在我国起步于 20 世纪 90 年代，从早期注重河流的单一功能，逐步发展为整体流域的生态系统恢复，但仍以恢复水质为主，对河流生态修复的研究大多为针对具体河段的修复工程。以下归纳了河流生态修复的基本原则。

（1）自然循环原则：当外界干扰不超出自然环境承载力时，生态系统恢复是可逆的；如果外界干扰超出自然环境承载能力，河流生态系统很难自我恢复，往往需要一定的人为干预，帮助生态环境受到破坏的河流发挥自我修复能力，在一定程度上恢复河流生态系统，创建河流生态系统的动态平衡，并恢复其原始功能和系统结构。

（2）主功能优先原则：河流系统功能具有阶段性，不同时期、不同河段的河流的功能有所不同。当各种功能不能同步实现时，河流的主要功能应当被先行考虑，并依此确定对应的功能指标。根据多功能协调的原则，在实现主功能基础上，考虑其他功能和指标相互协调。

（3）分时、分段考虑原则：不同的河段在不同时期具备不同的作用。应该将河流分段细化，经过评估后选取具有优先权的河段首先进行修复，通过细化局部与优化整体相结合，最终达到预期的修复效果。从长远来看，河流生态修复不可能一蹴而就，应该区分河流损害程度和限制条件，根据实际情况合理规划生态修复过程，明确不同时间的河流修复阶段。

（4）综合效益最大化原则：复杂的河流生态系统导致不确定的演替结果，使河流系统的生态修复具有周期长、风险高、投资大的特点。因此，在进行修复之前，要对河道系统进行全面分析，结合短期利益和长期利益，提出最佳河流修复方案，实现河流修复成效最大化，最大限度发挥社会、经济和生态环境效益。

2.5 综合整治目标任务

2.5.1 综合整治目标

当制定白洋淀河流生态修复的目标时，着眼于全面恢复和改善该地区的河流生态系统，以实现生态平衡、保护生物多样性，提高水质，并有效利用自然资源，促进周边生态环境的蓬勃发展。以下是具体的目标。

（1）恢复湿地生态：通过重建湿地生态系统，增加湿地面积和多样化湿地类型，着力恢复湿地功能，以促进湿地生态系统自我修复的能力，使其成为生态系统的重要组成部分。

（2）提高水质：积极采取措施减少污染物的排放，改善水质，确保河流的水质达到或超过相关水质标准，从而保障河流水资源的安全和可持续利用，提供清洁优质的水资源。

（3）保护生物多样性：致力于保护和恢复生态系统中的植物、动物和微生物多样性，维护生态平衡，鼓励物种的繁衍和迁徙，保护濒危物种，维护生态多样性。

（4）防治水污染：加强治理工程，有效减少污水排放和农业面源污染，预防水体富营养化和水生态系统退化，确保河流生态系统的健康发展。

（5）防洪减灾：科学规划防洪设施，提高水体容量，降低洪水位，有效减轻洪涝灾害对周边区域的影响，提供更安全的居住环境。

（6）促进生态经济：合理利用生态资源，积极推动生态产业发展，实现经济效益与生态效益的有机融合，为当地经济的可持续发展奠定坚实基础。

（7）保护自然景观：致力于保护和恢复河流两岸的自然景观，确保生态修复工程与自然环境和谐相处，打造独特而宜人的生态风景线。

（8）全民参与：加强公众参与和社会宣传，提高公众环保意识，营造全社会共同关注和支持治理工作的氛围，形成群策群力的生态治理合力。

（9）保障生态安全：建立完善的生态监测和评估体系，加强生态环境监管，确保河流生态修复工程的顺利推进和效果持续改善，保障生态系统的稳定运行。

（10）实现可持续发展：将生态修复纳入长期规划，坚持科学决策，推进治理工作的可持续发展，为子孙后代留下绿色、美丽的生态遗产，切实实现人与自然的和谐共生和可持续发展的目标。

通过以上目标的全面实现，白洋淀河流生态修复将为当地居民提供更加宜居的生态环境，改善生活品质，同时为国家生态文明建设贡献积极力量。

2.5.2 综合整治任务

（1）河道生态修复：通过重建湿地生态系统，增加湿地面积和类型，促进生态系统的自我修复能力，保护水生植物和动物的多样性和数量，实现河道生态系统的平衡和稳定。

（2）水质治理：加强污水排放控制，减少工业和农业面源污染，采取有效措施防治水体富营养化和有害物质的累积，确保白洋淀的水质达到或超过国家标准。

（3）防洪设施建设：合理规划防洪设施，增加水体容量，提高堤坝和闸门的抗洪能力，降低洪水位，减轻洪涝灾害对周边地区的影响。

（4）生态经济发展：支持绿色产业的发展，鼓励绿色技术和环保项目投资，推动生态产业与传统产业的融合，实现经济增长与生态保护的良性循环。

（5）生态安全保障：建立健全的生态环境监测网络，加强环境保护监管，及时发现和解决治理工程中的问题，确保治理效果稳步改善。

（6）景观整治：保护和恢复河道两岸自然景观，合理规划和布置景观带，营造美丽宜人的生态景观，提升白洋淀的旅游和休闲价值。

（7）可持续发展：将生态修复纳入长期规划，坚持科学决策和可持续发展原则，确保治理工作能够长期稳健推进，为后代子孙留下美好的生态环境和可持续发展的资源。

《河北雄安新区白洋淀综合整治攻坚行动实施方案》提出，攻坚行动将坚决打赢白洋淀治理攻坚战，全面提升白洋淀生态环境保护水平，加快恢复"华北之肾"功能。方案提出了治理白洋淀生态环境六大攻坚任务。

（1）入河入淀排污口整治攻坚。严格落实河（湖）长管理体制，明确责任分工，集中推进开展入河入淀排污口、垃圾、堆场等污染源排查整治。开展入淀河流废弃物清理，严禁向河堤管理范围内倾倒垃圾和工业固废；依法取缔入淀河流河道及两侧 2km 范围内私搭乱建的小工厂、小作坊、养殖场、无证堆场、废旧物品回收点等影响水体环境的违法设施。

（2）工业污染源达标排放专项攻坚。推动实现工业污水全面达标排放，2018 年汛期前处置好淀区内历史遗留固体废物，控制住污染源，2019 年汛期前完成外运；严格落实主体功能区划、生态红线等环境保护空间管控要求，加大"散乱污"企业整治力度，所有工业企业实现废水和生活污水全收集、全处理、全达标，逐步建立水污染治理动态管理台账，及时采取措施，保证出水稳定达标。

（3）农村生活污水排放和厕所改造及垃圾清运排放整治攻坚。重点针对淀中村、淀边村以及入淀河道两侧村庄，引进资金实力雄厚、治理技术水平高、运营规范有序、处于行业领先地位的水务公司，优选农村污水治理技术，提升运行水平，确保出水稳定达到一级 A 排放标准，在有条件的区域建设潜流湿地，提高水质；对农村污水处理站引入第三方监管，由生态环境局制定考核管理办法。由专业公司负责淀中村的垃圾清扫、清运工作，做到日产日清。

（4）河流入淀口及淀区生态湿地建设攻坚。建设入淀口生态湿地，制定孝义河、府河入淀口区域湿地建设工程方案，启动藻苲淀和马棚淀湿地工程，通过湿地生态系统削减河流入淀污染负荷，使孝义河、府河入淀水达到地表水 Ⅳ 类标准。

（5）水产和畜禽养殖清理整顿攻坚。全面整治禁养区内所有规模化养殖场和分散式养殖专业户，对淀区的水产、畜禽养殖清零。对淀区内现有非法围堤围埝的水产养殖，依法全面进行彻底清除，恢复水面，促进水体自然流动。选择合适区域，实施底泥生态治理实验，恢复底泥自净能力。

（6）纳污坑塘整治攻坚。全面排查整治辖区纳污坑塘，一坑一策建立台账，并设立围挡、严格管控，切断污染源。坑塘整治后，水体和底泥要分别达到水体和土壤功能区标准。对治理后的纳污坑塘，因地制宜实施生态修复，采取绿化美化等措施，改善周边环境面貌，实现景观使用功能，以利用促管理，以利用促保护，杜绝污染反弹。

参 考 文 献

[1] 任会来，杨学新. 白洋淀水环境变迁及研究述评（1949—2017）[J]. 廊坊师范学院学报（社会科学版），2023，39（1）：77-81.

[2] 程朝立，赵军庆，韩晓东. 白洋淀湿地近10年水质水量变化规律分析 [J]. 海河水利，2011，（3）：10-11，18.

[3] 陈文婷，苏婧，张慧慧，等. 白洋淀流域水环境承载力多属性决策方法优选和方案评价研究 [J]. 环境工程，2023，41（1）：120-131.

[4] 刘字威. 白洋淀湿地水资源承载能力及水环境研究 [J]. 科学中国人，2015（12）：156.

[5] 刘丹丹. 白洋淀水资源量变化及其原因分析 [D]. 保定：河北农业大学，2014.

[6] 杨泽凡，胡鹏，赵勇，等. 新区建设背景下白洋淀及入淀河流生态需水评价和保障措施研究 [J]. 中国水利水电科学研究院学报，2018，6（6）：563-570.

[7] 杨学新，任会来. 白洋淀近七十年来"干淀"问题探析 [J]. 河北大学学报（哲学社会科学版），2023，48（2）：140-148.

[8] 李传哲，崔英杰，叶许春，等. 白洋淀流域水资源演变特征与水安全保障对策 [J]. 中国水利，2021（15）：36-39.

[9] 颜炳池. 浅析白洋淀污染的成因及对策 [J]. 黑龙江科技信息，2014（10）：167.

[10] 张杨. 白洋淀典型村落水域沉积物污染特征及生物毒性研究 [D]. 沈阳：辽宁大学，2021.

[11] 任晓强，管孝艳，陶园，等. 白洋淀流域水环境风险评估综述 [J]. 中国农村水利水电，2021（1）：22-27.

[12] 尹德超，王雨山，祁晓凡，等. 白洋淀表层沉积物氮磷分布、储量及污染评价 [J]. 地质通报，2023，42（11）：1983-1992.

[13] 杜奕衡，刘成，陈开宁，等. 白洋淀沉积物氮磷赋存特征及其内源负荷 [J]. 湖泊科学，2018，30（6）：1537-1551.

[14] 佟霁坤，陈海婴，马倩，等. 白洋淀营养状态及氮磷限制性评估与控制 [J]. 绿色科技，2023，25（8）：87-92.

[15] 刘雪松，王雨山，尹德超，等. 白洋淀内不同土地利用类型土壤重金属分布特征与污染评价 [J]. 土壤通报，2022，53（3）：710-717.

[16] 许梦雅. 白洋淀沉积物典型重金属质量基准及生态风险阈值研究 [D]. 沈阳：辽宁大学，2022.

[17] 杨建英，张艳，吴海龙，等. 白洋淀入淀河道现状调查及分析 [J]. 中国水利，2021（11）：35-37.

[18] 郭东. 白洋淀综合整治攻坚行动　加快恢复"华北之肾"功能 [C]//对接京津——经济强省　绿色发展，中国河北廊坊，2018.

3

白洋淀上游河道治理的必要性

3.1 南水北调工程

3.1.1 南水北调工程的概念

"南水北调"即"南水北调工程",是中华人民共和国的战略性工程,分东、中、西三条线路。东线工程起点位于江苏扬州江都水利枢纽。中线工程起点位于汉江中上游丹江口水库,受水区域为河南、河北、北京和天津。

工程方案构想始于1952年国家主席毛泽东视察黄河时提出。自此,在历经分析比较50多种方案后,调水方案获得一大批富有价值的成果。南水北调工程规划区涉及人口4.38亿人,调水规模448亿 m^3。工程规划的东、中、西线干线总长度达4350km。东、中线一期工程干线总长为2899km,沿线六省市一级配套支渠约2700km。

2012年9月,南水北调中线工程丹江口库区移民搬迁全面完成。南水北调工程主要解决我国北方地区,尤其是黄淮海流域的水资源短缺问题,规划区人口4.38亿人。共有东线、中线和西线三条调水线路,通过三条调水线路与长江、黄河、淮河和海河四大江河的联系,构成以"四横三纵"为主体的总体布局,以利于实现我国水资源南北调配、东西互济的合理配置格局。

南水北调中线工程、南水北调东线工程(一期)已经完工并向北方地区调水。西线工程尚处于规划阶段,没有开工建设。

南水北调工程自2014年全面建成通水以来,南水已成为京津等40多座大中城市280多个县市区超过1.4亿人的主力水源。截至2022年5月13日,南水北调东线和中线工程累计调水量达到531亿 m^3。其中,为沿线50多条河流实施生态补水85亿 m^3,为受水区压减地下水超采量50多亿 m^3。

南水北调中线工程作为国家南水北调工程的重要组成部分,有效缓解了我国黄淮海平原水资源严重短缺的难题,并且对优化水资源配置产生了重要作用。对沿线受水区河南、河北、北京、天津等地区的经济社会可持续发展产生了重大积极作用,并造福了沿线人民。南水北调中线工程由长江支流汉江上的丹江口水库取水,由唐白河流域进行水渠开挖引水后,再由淮海黄河平原的西部边缘一路向北,在郑州西部的孤柏嘴处下穿黄河,之后流经河南北部,河北、天津、北京等地的部分地区。主输水线路全长1432km(包括天津境内 155km），总干渠在河南、河北境内采用全封闭、全衬砌、全立交的专用明渠输水，北京段采用钢筋混凝土箱涵和预应力钢筒混凝土管道输水，天津干线全线采用地下钢筋混凝土箱涵输水。渠口处的设计流速为 350m³/s。沿线共有 64 个节制闸、97 个分水口门、61 个控制闸、54 座退水闸。南水北调工程是按照保障供水、提升生态环境质量、优化汉江中下游水位的原则，实现流域间调水和水资源优化配置，化解水供应和需求之间的尖锐冲突。京津冀地区为国民经济的可持续发展做出了可靠的贡献。南水北调中线工程的主要任务是确保北京、天津、河北和河南的日常供水，以及在中国北方部分地区发生特殊干旱时提供紧急用水。

3.1.2 南水北调工程的意义

我国缺水问题严重，缺水的地方主要是集中在北方。我国的人均水资源拥有量只达世界平均水平的 1/4。北京市人均水资源拥有量只有世界平均水平的 1/30。我国严重缺水的城市约有 136 个，再加上水源污染问题，数据显示，我国有 3 亿多人无法获得清洁的饮用水，几乎占了我国人口的 1/4。我国一半以上的主要河流都遭受了严重污染，1/4 的河水已不适合工农业使用。我国每年约有 30 个湖泊干涸。我国首都北京严重缺水，公众与环境研究中心专家估计，如果不采取措施，2010 年后，北京将每年缺水 100 亿 t。

2014 年年底，在南水北调中线工程正式投入运行之时，国家主席习近平指出，南水北调工程功在当代，利在千秋。希望继续坚持先节水后调水、先治污后通水、先环保后用水的原则，加强运行管理，深化水质保护，强抓节约用水，保障移民发展，做好后续工程筹划，使之不断造福民族、造福人民。截至 2021 年 10 月 31 日，南水北调中线工程已向 20 多座城市、130 个县供水，已成为京津冀豫这条南北轴线上大中城市的主要水源，受益人口连年攀升，直接受益人口达 7900 万人，其中北京市 1300 万人、天津市 1200 万人、河北省 3000 万人、河南省 2400 万人。工程从根本上改变了受水区供水格局，改善了用水水质，提高了供水保证率，特别是河北省黑龙港地区 500 多万人告别了苦咸水和高氟水，人民群众的幸福感、安全感、获得感显著增强。南水北调中线工程通过优化供水系统发挥了重要的环境作用。通过优化规划，南水北调中线工程共为北方 50 多条河流提供了 69 亿 m³ 的生态补水，全面助力华北地下水超采综合治理和河湖生态环境复苏，部分区域地下水位止跌回升，生态环境得到有效改善，工程生态效益明显。白洋淀是受南水北调中线工程影响深远、规模宏大的湿地之一。2018 年南水北调中线工程开始向白洋淀湿地进行直接生态补水，累计向白洋淀湿地输水超 3 亿 m³。白洋淀水质的稳步提高，天津地下水位的提高，北京永定河、潮白河水量的提升，都离不开南水北调工程。南水北调中线工程是一项具有重大社会经济效益和巨大环境生态效益的重大环境工程。

南水北调工程提供的生态系统服务不仅包括供水所创造的经济价值，还包括由生态系统变化间接创造的经济价值、环境价值、社会价值和生态价值。

1. 经济价值

水资源的经济价值随着人类文明的发展而增加，是水资源多维价值的重要体现。水资源的经济价值是指为了经济和社会用户的利益而自然存在于自然环境中的每一个单位的水（即没有特定商品生产和制造过程的自然产生的原水）的附加值，以当前货币计算。人类正是从水资源中获得生活资料。人类日常生活中的大部分生活活动和生产活动都离不开水资源。水资源为社会发展提供了非常重要的保障。自 2018 年以来，南水北调中线一期工程持续向白洋淀进行生态补水，加上其他补水措施，累计入淀水量达 24.5 亿 m³，白洋淀水位稳定保持在 7m 左右，淀区面积由 171km² 恢复至 275km² 左右。因此，白洋淀湿地具有水资源供给带来的经济价值。

2. 环境价值

水可以净化环境，净化空气，固碳，释氧，美化环境。对于白洋淀湿地来说，水质的改善对提高饮用水质量、人民健康和社会稳定具有重要作用。通过调水还起到了抑制藻类大规模爆发的作用，提高相关湖泊水的质量。2018 年 6 月，南水北调中线工程通过生态补水第 1 次将长江水送入白洋淀湿地和瀑河、易水河河道。白洋淀湿地和瀑河、易水河的水质和环境状况得到极大改善，具有明显的环境价值。

3. 社会价值

水资源的社会价值是指水资源不仅满足人类的生存需求，在一定程度上还实现了人类的精神文明追求。在人类文明进步的同时，人类的精神需求也在逐步提高，渐渐的不能满足现有的精神环境。闲时外出旅游和亲近天然形成的景观区已经变成了我们日常消遣的重要组成部分。保护水资源是一个紧迫的问题。水资源可持续发展的要求不仅是要保证一代人的水资源使用权，还要保证代际之间、上下游之间、城乡之间的可持续用水，满足当前社会和后代人的公平水权。

南水北调中线工程供水可增加白洋淀湿地辐射区的人均水资源量，满足人们的日常饮水需求，保障工农业用水，缓解工农业、城乡供水和区域供水矛盾，为社会和谐稳定创造有利条件。改善饮用水质量可以改善人类健康，并产生深远影响。此外，转移的水资源可以为人们提供水上娱乐，并为旅游业的发展做出巨大贡献。

4. 生态价值

水资源对生态系统具有进化和调节功能，水量是区分干旱和潮湿系统的关键因素。水资源不仅在维持和调节生态方面发挥重要作用，而且在物种扩散方面也发挥重要作用。水生生态系统的退化会减少其服务。水生资源的生态价值在于其蓄水、防止沉积、保护生物多样性和生境的能力。白洋淀湿地可以通过南水北调中线水缓解区域环境危机，缓解地下水位下降造成的城市土地沉降，补给地下水，改善水文地质条件，遏制土地沉降造成的建筑物倒塌，防止海水入侵和生态环境恶化，等等。它们对于保护生物栖息地和生物多样性也很重要。

3.1.3　南水北调工程的特征

1. 规划建设时间长

1952 年，毛泽东同志在视察黄河时提出："南方水多，北方水少，如有可能，借点水来也是可以的。"这也是南水北调的宏伟构想首次提出。2022 年 3 月 25 日，南水北调东线一期工程江苏段调度运行管理系统工程通过设计单元工程完工验收。

2. 工程规模大

南水北调东线工程是在现有的江苏省江水北调工程、京杭运河航道工程和治淮工程的基础上，结合治淮计划兴建一些有关工程规划布置的。东线主体工程由输水工程、蓄水工程、供电工程三部分组成。

南水北调东线工程规划从江苏省扬州附近的长江干流引水，利用京杭大运河以及与其平行的河道输水，连通洪泽湖、骆马湖、南四湖、东平湖，并作为调蓄水库，经泵站逐级提水进入东平湖后，分水两路。一路向北穿黄河后自流到天津，从长江到天津北大港水库输水主干线长约 1156km；另一路向东经新辟的胶东地区输水干线接引黄济青渠道，向胶东地区供水。

南水北调东线工程创造了世界上规模最大的泵站群——东线泵站群工程，工程实施分三期，第一期工程共计增建泵站 21 座，工期 6 年；第二期工程，在第一期工程基础上增建泵站 13 座，工期 3 年；第三期工程，在第二期工程基础上增建泵站 17 座，工期 5 年。南水北调东线第一、二、三期主体工程共计投资 420 亿元。

3. 投资大

2010 年，南水北调工程开工项目 40 项，单年开工项目数创工程建设以来最高纪录；同年累计完成 136 个单元工程，占 155 个设计单元工程总数的 88%；完成投资 379 亿元，相当于开工前 8 年完成投资总和，创工程开工以来的新高。批复投资规模 1100 亿元，超过开工以来前 8 年批复投资总额，累计批复 2137 亿元，占可研总投资 2289 亿元（不含东线治污地方批复项目）的 93%，单年批复投资规模创开工以来新高。

4. 效益大

2012 年 9 月 16—17 日，南水北调工程是优化水资源配置、促进区域协调发展的基础性工程，是新中国成立以来投资额最大、涉及面最广的战略性工程，事关中华民族长远发展。工程建设起到了决战决胜的关键阶段。

东线工程可为江苏、安徽、山东、河北、天津 5 省（直辖市）净增供水量 143.3 亿 m^3，其中生活、工业及航运用水 66.56 亿 m^3，农业用水 76.76 亿 m^3。东线工程实施后可基本解决天津市，河北黑龙港运东地区，山东鲁北、鲁西南和胶东部分城市的水资源紧缺问题，并具备向北京供水的条件。促进环渤海地带和黄淮海平原东部经济又好又快的发展，改善因缺水而恶化的环境。为京杭运河济宁至徐州段的全年通航保证了水源。使鲁西和苏北两个商品粮基地得到巩固和发展。南水北调工程是实现我国水资源优化配置的战略举措。受地理位置、调出区水资源量等条件限制，西、中、东三条调水线路各有其合理的供水范围，相互不能替代，可根据各地区经济发展需要；前期工作情况和国家财力状况等条件分步实施。

南水北调中线一期工程是我国南水北调工程的重要组成部分，是缓解黄淮海平原水资源严重短缺、优化配置水资源的重大战略性基础设施，是关系到受水区北京、天津、河北、河南等省（直辖市）经济社会可持续发展的民生工程。中线一期工程从大坝加高扩容后的丹江口水库引水，沿线开挖渠道直通北京，总长 1432km，工程自 2003 年开工以来，经过 10 多年的建设而成。

2014 年 12 月 12 日，南水北调中线工程正式通水。江水进京后，北京年均受水将达 10.5 亿 m^3，来水占城市生活、工业新水比例将达 50% 以上。按照北京约 2000 万人口计算，人均可增加水资源量超过 $50m^3$，增幅约 50%。工程通水后，不仅可提升北京城市供水保障率，还将增加北京水资源战略储备，减少使用本地水源地密云水库水量，并将富余来水适时回补地下水。

2021年12月12日是南水北调东、中线一期工程全面通水7周年。7年来，工程实现了年调水量从20多亿m³持续攀升至近100亿m³的突破性进展。截至12月12日，东、中线一期工程已累计调水494亿m³，有效缓解了华北地区水资源短缺问题。

3.1.4 南水北调工程对白洋淀及其上游河道的影响

生态影响：一是从根本上解决白洋淀的缺水问题，改善白洋淀的生态环境；二是可满足城市发展对水环境的需要，既可以将水顺畅地经过护城河和府河进入白洋淀，又可以兼顾改善市区水环境，提高城市品位。

防洪影响：中线总干渠渠道工程为永久挡水建筑物，设计防洪标准为50年一遇，校核防洪标准为100年一遇，河渠建筑物附近渠段与建筑物标准相同，达200～300年一遇。总干渠工程建成后，上游洪水只能从布置的河渠交叉建筑物及排水口门中下泄，从而改变了流域洪水现状的行洪条件。南水北调中线总干渠为满足整体自流要求并从节省投资角度考虑，在穿越大型宽浅式河道时不同程度地压缩了行洪滩地，使得总干渠成为行洪瓶颈。

微观影响主要反映在总干渠工程修建后对局部河段行洪形势的影响，主要反映在上游壅水、河道冲刷、河势稳定等方面。南水北调中线总干渠地处山前丘陵与平原的过渡地带，属于流域的中上游地区。南水北调中线工程建成后，流域河段防洪形势发生明显变化，必然提出防护与整治要求，预期进入中游的洪峰流量和洪水总量呈增加趋势。

3.1.5 白洋淀上游河道治理对南水北调工程的影响

1. 水源保护与水质改善方面

保障引水水质：南水北调工程需要从长江引水，而引入的水源的质量对于接收地区的水质至关重要。通过对白洋淀上游河道进行治理，可以减少污染源的输入，确保引入的水质相对清洁，有利于工程的长期稳定运行。

减轻水污染风险：未治理的上游河道可能存在农业、工业等排放物的输入，治理能够减轻由这些污染源引起的水污染风险，提高引水的水质。

2. 水流管理和保障供水稳定方面

减少河道漫滩和泥沙淤积：上游河道治理有助于减少河道漫滩和泥沙淤积，确保水流的畅通。这对南水北调工程中的水流管理至关重要，有助于保障引水的稳定性和可持续性。

提高水资源利用效率：通过上游河道治理，可以优化水资源的分配和利用，提高水资源的利用效率，有助于满足引水地区对水资源的需求。

3. 洪水调蓄和防灾减灾方面

降低洪水风险：上游河道的治理可以改善水文条件，降低洪水发生的风险，减少对引水地区的洪灾影响。这对南水北调工程的安全运行至关重要。

提高区域防灾减灾能力：治理上游河道有助于提高整个流域的防灾减灾能力，对于减轻自然灾害对人民生命财产的损害具有积极作用。

4. 生态环境保护方面

湿地生态恢复：上游河道的治理有助于改善水域的生态环境，对白洋淀湿地的保护和恢复具有重要作用。这有助于维护湿地生态系统的稳定，促进生物多样性的保护。

综合来看，白洋淀上游河道治理对南水北调工程的必要性在于确保引入水源的质量、保障水流的稳定、减少洪水风险、提高防灾减灾能力，以及促进生态环境的保护和恢复。这些都是保障工程长期、稳定运行，实现水资源调配效益的关键因素。

3.1.6　南水北调工程引水补淀

根据白洋淀最低生态水位分析，将最低生态水位确定为 7.3m，符合白洋淀的实际情况，对应水深 1.0m，水面面积 122km^2，相应的最低生态水量 1.3 亿 m^3。南水北调中线工程总调水规模 95 亿 m^3，其中分配给河北省多年平均水量 30.39 亿 m^3。在南水北调工程运行初期，地方配套工程建设尚未全部实施的情况下，通过对全省南水北调水资源的优化配置和统一调度，完全可以满足白洋淀生态需水的要求。即使在配套工程全部建成并投入正常运行以后，还可以利用南水北调工程的加大输水能力提供生态用水。

南水北调工程实施后，建成初期和运行期多余的水量可向白洋淀补水。南水北调工程补充白洋淀生态用水的线路是通过利用现有沙河干渠经月明河、孝义河入淀。沙河干渠是向河北省保定、沧州的 13 市（县）城镇供水的干渠，在灌溉期间，城镇供水与灌溉供水合用沙河干渠，利用此线路同时向白洋淀补水，其补水规模将受到一定限制。另外，月明河、孝义河是接纳排泄安国、博野、蠡县、高阳等县城沥水和企业不达标污水的唯一出路，水质污染严重。这些企业多为一家一户的作坊式生产，污水的收集处理工作难度很大，因此，在污水排放问题未得到彻底解决前不宜利用沙河干渠向白洋淀输水。

南水北调工程在保定市境内设有 8 处退水闸，由南向北分别是唐河退水闸、曲逆河中支退水闸、蒲阳河退水闸、界河退水闸、漕河退水闸、瀑河退水闸、北易水退水闸和水北沟退水闸。8 处退水闸中，唐河、界河、漕河河道因渗漏和污染问题严重不宜利用其向白洋淀补水；瀑河、北易水和水北沟退水闸位置太偏向下游，若向白洋淀补水需多绕行几十公里，且穿山、跨河建筑物集中。据此，初步确定可利用曲逆河中支和蒲阳河退水闸向白洋淀补水。过去由保定市西大洋水库放水补充白洋淀曾经利用唐河灌渠曲逆河输水入龙泉河，经清水河、新唐河入白洋淀。利用这条线路补水情况非常复杂：龙泉河、清水河均以滩地泄水为主，深槽很小，极易造成淹地，途中又与清苑县多处坑塘串通，水量损失很大。清水河与唐河合并为新唐河后，连通段过水能力很小，且东石桥村位于新唐河内，该村大部分耕地在河道内，长时间输水会给群众生产生活带来很大不便。初步分析比选，从曲逆河中支和蒲阳河 2 个退水闸放水补淀线路长度分别为 76km、78km，不论从哪个退水闸放水补淀，其下游补水线路经由百草沟→市区府河→白洋淀的线路最优。此条线路全部采用现有河道，只需局部做简单的工程措施。

南水北调总干渠引水进入市区经府河入白洋淀的补水线路具有以下优点。一是无污染，水质有保证。保定市区现已全面完成雨污分流，是全省第一个实现市区雨污分流全覆盖的城市。同时借助当前 实施的"大水系"工程建设，完成了市区护城河、府河等 7 条内河的清淤整治工程，通过市区向白洋淀补水不会造成二次污染。二是输水线路短，输水损失小。以往利用沙河干渠，经月明河、孝义河向白洋淀补水的线路长 140km，是规划线路长度的 2 倍。三是输水目标单一，专线输送生态水，途经行政区划少，易于管理。

南水北调中线工程是从丹江口水库引水到北京颐和园团城湖的输水工程，主要为唐白河平原和黄淮海平原的西中部供水，输水干渠总长达 1276km，供水区总面积约 15.5 万 km^2，在保障京津等华北地区城市供水安全、对生态环境的改善修复发挥着重要的作用。

南水北调中线一期干线工程 2014 年 12 月建成通水，通过瀑河水库进行调蓄后，沿瀑河和萍河汇入白洋淀，对白洋淀进行生态补水。2018 年 4 月 13 日—6 月 30 日南水北调中线工程已经向白洋淀生态补水约 $1.1 \times 10^8 m^3$，对白洋淀上游河流生态环境、淀区水资和生态黄金具有明显的改善和提升，白洋淀淀口藻杂淀监测断面入淀水质由补水前的劣 V 类达到 Ⅱ 类。南水北调中线对白洋淀补水时间为相机补水。

南水北调东线工程是从江苏扬州江都水利枢纽提水向华北地区补水的国家级跨省界区域工程。南水北调东线对白洋淀补水主要是通过一期向北延伸应急供水线路沿与引黄入淀输水河道滏东排河相连，经引黄入冀补淀线路可输水至白洋淀。

根据《南水北调东线一期工程向北延伸应急供水方案研究报告》，南水北调东线应急调水目的是结合京津保生态过渡带建设为生态带河湖补水，应急需供水量为 $1.36 \times 10^8 m^3$。目前，南水北调东线一期工程北延应急试通水已顺利完成。

3.2　雄安新区建设与发展

3.2.1　雄安新区的概念

雄安新区，为河北省管辖的国家级新区，地处于河北省中部，地处北京、天津、保定腹地。雄安新区包括雄县、容城县、安新县三县及周边部分区域，起步区面积约 $100km^2$，中期发展区面积约 $200km^2$，远期控制区面积约 $2000km^2$。截至 2020 年 11 月，第七次全国人口普查，雄安新区常住人口为 1205440 人。

2017 年 4 月 1 日，中共中央、国务院印发通知，决定设立国家级新区河北雄安新区。雄安新区位于太行山东麓、冀中平原中部、南拒马河下游南岸，在大清河水系冲积扇上，属太行山麓平原向冲积平原的过渡带，为暖温带季风型大陆性气候，四季分明。有南拒马河、大清河、白沟河等河流过境，白洋淀位于境内。境内有京雄城际铁路、津雄城际铁路、固保城际铁路和京石城际铁路等过境，有 G18 荣乌高速公路、G0211 津石高速公路、G45 大广高速公路、S7 津保高速公路、京雄高速公路等高速横贯全境。2019 年 8 月 30日，雄安新区设中国（河北）自由贸易试验区雄安片区。2019 年 12 月，雄安新区入选首批交通强国建设试点地区。2019 年，雄安新区地区生产总值为 215 亿元。

3.2.2　雄安新区的意义

雄安新区白洋淀上游规模化林场位于白洋淀的重要集水区和燕山——太行山生态涵养区，生态区位重要性十分显著。开展雄安新区白洋淀上游规模化林场建设，将提高雄安新区白洋淀上游林草生态系统防风固沙、水土保持和水源涵养能力，对维护雄安新区水安全和生态安全发挥重要的保障作用。

雄安新区是继上海浦东、广东深圳之外第三大具有全国性意义的新区，其建设具有跨时代的重要意义。新区的成立意味着首都中心格局的改变。雄安新区位于北京、天津、保定腹地，与京津两地形成三足鼎立的局势，由雄县、安新县、容城及周边辐射区域组成，地理位置优越。该区域绝大部分是耕地，人口密度小，一马平川的麦田以及成聚落的村庄使开发强度相对较小；华北最大生态湿地白洋淀位居其中，环境承载力与可塑性较强。雄安新区的成立有利于缓解了北京的环境压力，构建新的城市发展模式。

雄安新区湿地地理位置优越、生物自然资源丰富，河网复杂交错，具备发展优质生态湿地的潜质，但是目前存在着水资源短缺、水污染严重、水生态受损、生态空间萎缩退化等问题。

雄安新区建立的目的是促进改善京津冀发展不均衡的局面，疏解北京市承担的非首都功能，解决北京市的"大城市病"，提升河北省内的整体经济发展水平，促进京津冀区域的协调发展。建立雄安新区对打造新的城市空间模式、构建经济发展新模式等具有重大意义。

大力建设雄安新区将有利于提升河北经济社会发展的水平。雄安新区未来发展方向是高科技含量的高端产业，城市未来发展方向是成为能够提供好的公共设施服务和清洁美好环境的绿色宜居城市，也就是说雄安新区会坚决整治污染型工业，同时积极引入创新环保新资源，打造新型集群；引入许多优质教育、医疗卫生、体育健身、文化娱乐等资源，在公共服务方面和北京保持全方位的深度合作。

建设雄安新区将有利于在祖国北方培育新的经济区域增长极。把雄安新区打造成为优质资源的配置集中区，成为接轨京津、扩大开放的前沿阵地。

3.2.3 雄安新区与白洋淀流域的相互关系

雄安新区内有华北平原最大的淡水浅湖型湿地——白洋淀，是雄安新区建设的核心组成部分，是雄安新区核心水系及生态之地，雄安新区要打造"生态环境优美、蓝绿交织、清新明亮、水城共融"的生态城市，白洋淀是雄安新区生态文明建设的重要一环，是实现雄安新区可持续发展的生态之基。但是近60年来，受上游水库的拦蓄作用及人类经济社会发展的影响，白洋淀面临着入淀河流干涸、生态补水水量缺乏、湿地萎缩、干淀频发、泥沙淤积、生物多样性减少等危机。

白洋淀（$38°44'\sim38°59'N$，$115°46'\sim116°08'E$）隶属于大清河流域，属于平原半封闭式浅水型湖泊，由143个淀泊和3700余条纵横沟壑所构成，形成了淀中有淀，淀淀相通，沟壕相连的特殊地貌，淀区总面积为$366km^2$。现隶属于雄安新区涉及安新县、容城县、高阳县和任丘市五市县，是华北平原最大的淡水湖泊湿地，是京津冀地区生态平衡的重要补给地，同时也是雄安新区建设的重要组成部分，发挥着灌溉蓄水、调洪滞沥、补充地下水、提供生物栖息地等重要地生态作用。

雄安新区是国家在政治战略上的重点建设区域，是近几年我国城市建设的焦点，白洋淀是雄安新区主要的水资源所在地。白洋淀作为河北省最大的湖泊，主体位于河北省保定市安新县境内，今有大小淀泊143个。白洋淀不仅具有蓄水作用，还对保定城市环境有一定的调节作用。此外白洋淀带动了保定的经济发展，在白洋淀周围形成了一些滨水景观，借此地域因素，白洋淀成为了河北省的旅游胜地。由于雄安新区的设立，它的发展更显得至关重要，白洋淀滨水景观要贯彻落实党中央发布的关于雄安新区的生态、科技、创新的新型建设概念，采用新技术新手段新材料，既要创新又要传承、保留。河北省作为一个有着悠久历史文化的省份，不是缺少历史，不是缺少文化，而是缺少对城市历史文化的挖掘、保护、利用和传承。雄安新区的建设对我国的发展有着重大意义，对河北省的经济发展可以说是历史性意义。

白洋淀是华北平原关键的淀泊和湿地系统，具有缓洪滞沥、蓄水灌溉、改善小气候等重要生态经济功能，有"华北明珠"之称。调节白洋淀的生态环境，恢复白洋淀的生态功能，是实现雄安新区"打造优美生态环境，构建蓝绿交织、清新明亮，水城交融的生态城市"这一功能定位的必要前提。然而近些年，在气候变化以及人类活动的综合作用下白洋淀的水文情况发生巨大变化，不仅入淀水量显著减少，而且湿地生态功能逐渐衰弱，出现水源缺乏、湿地收缩、泥沙沉积、干淀频繁、生物多样性降低等危机。

白洋淀的发展正处于一个关键的历史时期，白洋淀处于雄安新城建设的焦点之一，是新区生态空间的核心所在。如何进行控污截留、提升水质、科学清淤和生态修复，是恢复白洋淀"华北明珠"历史地位的必然过程和进行生态空间建设的关键。20世纪80年代后，白洋淀每年均需依靠上游水库补水维持水位。然而，事实证明仅靠补水无法使白洋淀摆脱干淀和污染的恶性循环。沉积物中氮、磷营养盐及难降解的有毒有害物质等污染物的内源释放已经成为白洋淀的主要污染源。因此，对白洋淀内的典型区域进行生态清淤和生态恢复对白洋淀的整体环境修复具有重要的意义。

3.2.4 雄安新区与白洋淀及其上游河道的相互作用

雄安新区湿地来水主要包括天然来水、再生水、生态补水三大部分。位于雄安新区规划范围内的白洋淀是构建雄安新区蓝绿交织、水城共融的生态城市格局的重要载体。

雄安新区与白洋淀及其上游河道的相互作用涉及城市规划、水资源利用、生态环境保护等多个方面。

1. 水资源调配与供需关系

雄安新区是一座新兴城市，对水资源的需求较大，白洋淀及其上游河道是雄安新区境内的核心水系。雄安新区规划纲中提出要遵循"节水优先、空间均衡、系统治理、两手发力"的新时期治水思路，为构建好现代化高标准水资源安全保障体系，就要充分聚焦白洋淀生态系统整体修复和雄安新区千年大计建设目标。但白洋淀缺水且水质不佳的现状已持续多年，供需关系持续紧张，因此建立多水源补水机制，统筹南水北调、引黄补淀、上游水库及本地非常规水资源，合理调控生态水文过程是白洋淀生态修复的重要举措。白洋淀及其上游河道的水质对雄安新区的供水质量有直接影响，通过治理上游河道和白洋淀，可以提高引入水的水质，确保城市供水的可靠性和水质安全，提升区域水资源调配保障能力。

2. 生态环境保护与城市可持续发展

湿地保护与生态修复：白洋淀是一个重要的湿地生态系统，对于维护生物多样性和自然生态平衡具有重要作用。在雄安新区的规划中，需要考虑如何保护和修复白洋淀的生态环境，避免过度开发对湿地生态系统造成破坏。

水资源可持续利用：雄安新区需要合理规划水资源的利用，确保城市用水的可持续性，同时要避免对周边自然水体造成不可逆转的影响。

3. 防洪与水利设施建设

治理上游河道降低洪灾风险：上游河道的治理可以减少洪水的发生概率，有助于降低雄安新区的洪灾风险。这对于城市基础设施的安全和可持续发展至关重要。

水利工程建设：为了更好地利用水资源，雄安新区可能需要考虑在河道上游建设水利工程，如水库、调蓄池等，以实现对水资源的更有效利用和管理。

4. 城市规划与区域协同发展

整体规划与生态城市建设：在雄安新区的城市规划中，应考虑与白洋淀及其上游河道的生态环境相协调，推动生态城市建设，实现城市与自然的和谐共生。

跨区域合作：雄安新区所在地与白洋淀及其上游河道属于相邻地区，跨区域合作对于共同解决水资源、生态环境等问题具有重要意义。

综合来看，雄安新区与白洋淀及其上游河道的相互作用涉及水资源的供需、生态环境的保护、城市规划和基础设施建设等多个方面。在发展过程中，需要科学规划，促进城市与自然的可持续发展。

3.3 区域可持续发展

3.3.1 区域可持续发展战略的概念

可持续发展是指满足当前需要而又不削弱子孙后代满足其需要之能力的发展。可持续发展还意味着维护、合理使用并且提高自然资源基础，这种基础支撑着生态抗压力及经济的增长。可持续的发展还意味着在发展计划和政策中纳入对环境的关注与考虑，而不代表在援助或发展资助方面的一种新形式的附加条件。

可持续发展的核心思想是：经济发展、保护资源和保护生态环境协调一致，让子孙后代能够享受充分的资源和良好的资源环境。同时包括：健康的经济发展应建立在生态可持续能力、社会公正和人民积极参与自身发展决策的基础上；它所追求的目标是：既要使人类的各种需要得到满足，个人得到充分发展；又要保护资源和生态环境，不对后代人的生存和发展构成威胁；它特别关注的是各种经济活动的生态合理性，强调对资源、环境有利的经济活动应给予鼓励，反之则应予以摈弃。

所谓可持续发展战略是指实现可持续发展的行动计划和纲领，是国家在多个领域实现可持续发展的总称，它要使各方面的发展目标，尤其是社会、经济与生态、环境的目标相协调。1992 年 6 月，联合国环境与发展大会在巴西里约召开，会议提出并通过了全球的可持续发展战略——《21 世纪议程》，并且要求各国根据本国的情况，制定各自的可持续发展战略、计划和对策。1994 年 7 月 4 日，国务院批准了我国的第一个国家级可持续发展战略——《中国 21 世纪人口、环境与发展白皮书》。

可持续发展的内涵是人口、资源和环境的相互协调，目的是谋求社会和经济的持续发展。区域作为可持续发展的载体，在实施可持续发展战略中占据重要地位，影响区域可持续发展的主要因素有经济发展状况、社会发展状况、资源环境状况和可持续发展能力，区域可持续发展研究的内涵是根据可持续发展的要求，结合具体的区域特性，寻求一种最适合当地实际的人地关系协调发展模式。它具有明显的区域性、相对性和复杂性等特征。

3.3.2 白洋淀及其上游河道的水文因素与区域发展的相互作用

水安全和区域可持续发展是国际水资源综合管理中的前沿问题。水安全是指"人类生存发展所需要的量与质保障的水资源，能够维系流域可持续、维系人与生态环境健康、确保人民生命财产免受洪水、滑坡、干旱等水灾害损失的能力"。水安全的内涵涉及供水安全、防洪安全、水质安全、水生态安全以及跨界河流乃至国家安全，水安全与区域可持续发展有着密切联系。随着全球变化和全球性资源危机的加剧，水安全已逐渐成为国家安全的重要内容，乃至全球的首要课题。水资源综合管理目前已被广泛认为是解决有限水资源在多个国家或竞争部门间公平分配的核心手段。

水资源与国民经济和社会发展日益紧密联系，水安全成为国家安全的重要保障和组成部分。水资源可由水质和水量两个要素来反映，相应地，水安全包括水质安全和水量安全，或者水供给安全和水生态安全两个方面。水量安全与水质安全是相互联系、相互制约的。一方面，水质的好坏直接关系到水资源的功能，决定着水资源的用途，影响到可利用的水量，比如水质最差的劣Ⅴ类河流和湖泊水体，对人类没有任何用途，必须经过治理达标后才能利用；另一方面，水量的减少将降低水体的自净能力，容易导致或加剧水污染。但是总体而言，水质保护是水资源利用的前提和基础，因此，水质安全重于水量安全，国家制定和实施水安全战略、规则和制度的重点应是确保水质安全。

白洋淀湿地是华北平原最大的浅湖型湿地，具有蓄水灌溉、缓洪滞洪和调节局部地区气候等重要功能。近年来，白洋淀出现干淀频繁、面积萎缩和水体污染等生态环境问题，湿地斑块间水力联系减弱，水文连通性退化。良好的水动力条件有利于提高湿地的水文连通性，促进物质、能量和生物信息在湿地斑块间流动与交换，进而维持湿地生态系统健康。为恢复白洋淀湿地生态功能，我国在 1980—2016 年累计向白洋淀补水 13.26 亿 m^3；雄安新区设立以来，白洋淀由往年的应急补水转变为常态化生态补水，并呈现出水量大、历时长和补水路径多的特点，年均补水为 3 亿～4 亿 m^3；此外白洋淀泄水也越发频繁，仅 2020 年即通过赵王新河泄水 0.60 亿 m^3。在上述生态补水实施后，白洋淀水位动态保持在 6.5～7.0m，湿地水动力格局相比雄安新区成立前也产生了明显改善，因此分析白洋淀湿地的水文连通性变化十分必要。受气候变化和人类活动的影响，大量湿地面积急剧萎缩、生态功能严重退化，使得湿地水文连通格局产生剧烈演变。

自 1958 年起，白洋淀上游陆续修建了王快、西大洋等大型水库 6 座，以及中小型水库 148 座、塘坝 729 座，控制了山区 90％以上的流域面积；建有五一渠、官座岭和胜天渠等引水工程 659 处，设计供水能力 46.05 亿 m^3；建成地表水提水工程 1795 处，设计供水能力 8.56 亿 m^3。这些工程有效地保障了下游防洪安全和经济社会发展对水的需求。

白洋淀地势低洼，历史上鲜有干淀记录。在明弘治（1488 年）之前出现过淀区面积减小的记录，据载当年淀区缩小为古淀面积的三成，随后淀区面积很快恢复。中华人民共和国成立初期，白洋淀面积为 366km²，正常年份水位为 7.8～8.5m（高程85m，下同），有近百个百亩（1 亩＝1/15hm²）以上的大淀泊。20 世纪 60—80 年代，淀区水位不断下降，最低平均水位 5.5m；20 世纪 90 年代降水偏丰，淀区水位上升至 6.5m；21 世纪初降水偏枯，2000—2009 年淀区平均水位为 5.4m。自 20 世纪 80 年代开始，白洋淀水量以平均每年 60 万 m^3 的速度递减，1983—1988 年连续 5 年干淀。1997 年以来，河北省多次从上游水库调水补给，但调水规模小，干淀没有得到明显缓解。2003 年秋季干淀，河北省启动引岳济淀生态应急补水工程，从岳城水库调水济淀；2005 年再度干淀，从安格庄、王快水库补水 5300 万 m^3，暂时缓解了干淀危机；但 7 个月后，淀区水位再次下降导致干淀。干淀成为白洋淀生态的最大威胁。

白洋淀流域地处温带半干旱大陆性季风气候区，降水量少，蒸发强烈，水资源总量并不丰富，加之流域人口众多，农业发达，流域水资源供需矛盾突出。白洋淀流域人均水资源量不足 300m³，远低于国际公认的人均 500m³ 的极度缺水线标准。有研究表明，气候变化和人类活动对白洋淀流域径流量的影响贡献率分别为 40% 和 60%，人类活动的过度干扰是造成白洋淀流域水资源量匮乏的主要因素。统计表明，白洋淀流域 2001—2015 年间水资源开发利用率高达 128%，入淀地表径流较 1980—2000 年间减少 45%，主要入淀河流中，除白沟河、府河和孝义河外，其他河流基本长年断流。流域严重缺水，直接导致白洋淀山前平原浅层地下水埋深从 20 世纪 80 年代初期的 6m 下降到目前的 25m 左右，累计超采地下水资源量约 230 亿 m³。研究表明，当人类活动用水量超过河流总流量 40% 时，生态环境将受到破坏。白洋淀流域人类活动用水量已达地表径流量的 89%，严重危及河流水质和生态安全。20 世纪 70 年代初以来，白洋淀水质总体呈恶化趋势，水质条件受入淀水量影响大。2000 年以前，水质总体维持在Ⅲ类水以上。进入 21 世纪，受入淀流量急剧下降的影响，水体恶化趋势加剧，水质等级多处于Ⅳ类、Ⅴ类，甚至在 2005 年、2006 年、2014 年和 2015 年达到劣Ⅴ类。近年，白洋淀淀外污染源尚未彻底切断，污染物总量居高不下，对淀区污染负荷的贡献率达到 50%。其中，上游地区主要污染物化学需氧量和氨氮年入河量分别超出现状限排总量的 3.3 倍和 13.1 倍，水功能区水质达标率仅27.7%；淀区内居民生活、农业生产以及大规模粗放式养殖等造成严重的内源污染问题，对淀区污染的贡献超过 30%。受气候、水文等自然因素变化，叠加工农业及城镇生活用水、非法围垦、无序开发、上游水利工程蓄水、地下水开采等人为因素变化影响，近 40年来白洋淀湿地面积呈现减少和干化趋势，湿地景观趋于破碎，生态功能下降。20 世纪60—70 年代是白洋淀生物资源最为丰富的时期，之后受干旱、水体污染影响，生物资源（包括水生植被、浮游植物、浮游动物、大型底栖动物和鱼类）呈逐渐减少趋势；溯河鱼类和顺河入淀鱼类基本消失或绝迹；淀内芦苇产量也由 60 年前每年 8000 万 t 下降到目前不足 4500 万 t。近年，随着雄安新区建设稳步推进，白洋淀流域的生态环境治理工作受到各级政府的高度重视，入淀水量和水质得到大幅度提升，淀区生态功能和物种的多样性正在逐步恢复。

3.3.3 白洋淀及其上游河道的经济因素与区域发展的相互作用

流域经济是以河流为纽带促进区域协同发展的经济河流流经不同的地区，把利于各种类型的经济区域和各种发展程度的经济区域有机联系起来，不同地区之间通过水资源的综合利用，经济发展上形成了相应的联系。这样，各类型和各发育阶段的区域就在流域内部展开合理分工布局，相互促进，共同发展。各地区的相关产业由于沿江河布局，有的形成沿河流的产业集中区，有的沿江地带甚至形成沿河流的产业密集带。这种沿江河布局的产业集中区和产业密集带是有机协调各区域经济协同发展推进的重要形式。

流域经济是具有明显区段性的经济河流流经地区资源禀赋不同，形成了明显的区段性经济特征。从我国地形地貌来看，由于地势西高东低，故大江大河多发源于西部高原，上游由于地势落差大，水能资源丰富，山地河谷矿产资源也较为丰厚，多发展资源开采业、农牧业以及水利电力工业；中下游地势渐趋平坦，人口稠密，交通便利，加工业、农业发达。

流域经济是以可持续发展为本质要求的经济资源合理开发利用，是流域经济发展必须重视的问题。有限的水资源以及矿产资源等要在流域区内合理分配使用，同时，又要从长远出发，节约利用资源，在资源开发的同时，要注重环境和生态保护，实现可持续发展。

流域经济不是抽象的非空间经济活动，作为特殊类型的区域经济类型，表现出经济区域的特有属性。流域经济区的特征与功能主要体现出流域经济活动的空间特性和相应的区域经济功能。

综合性与系统要素整合功能流域经济区内自然、社会、经济、文化等无所不有。它们共同构成了相互联系的自然系统、经济系统和社会文化系统。正因为如此，流域经济区这一基本经济发展单元不是依据某一个或几个简单的经济指标就能划定的。在这样一个相对独立和相对完整的区域内，主题是经济发展，谋求经济发展的前提必然是人口—资源—环境的和谐发展，即经济系统—自然系统—社会文化系统的和谐。只有这样，才能实现区域经济协调发展。构成流域经济区的各子系统通过有机整合形成一个完整的有机整体，形成一个有机的功能区域。

开放性与经济沟通功能任何一级流域经济区都是一个高度开放的系统，它与上一级干流和次一级支流之间存在着紧密的能源、原材料、产品、技术、人员、资金、信息等双向流动。开放性是流域经济系统整体和谐发展的必然条件。尽管人为地可以强行阻止部分物、能、信息的流动，但历史证明，在同一流域的上、中、下游间由于存在着客观的自然水上交通线水源线等；因而，在事实上，流域内部的物、能、信息的流动是无法阻挡的。这对于地域之间的专业分工与协作、构建统一大市场，构成城镇体系是一个最有利的客观条件。

区域性与统筹协调功能经济区域系统总是同一定的地区相联系，系统要素的空间分布、地区分布、空间距离、空间联系等空间因素在区域系统中起很大作用。流域经济区有着明确的空间边界，这不是人为的，是自然力创造的，不同的空间内所包含的要素是不同的，要素之间存在着互相联系、相互制约的关系。处于不同地理区域的流域经济系统区所表现出的区域共性，能反映出不同区域之间的差异。不同地域的流域经济系统的状态、发展水平、结构、发展速度和发展潜力是互不相同的，从而表现出不同的流域特色。

区段性与引导错位发展功能流域，特别是大流域，往往地域跨度大，构成巨大横向纬度带或纵向经度带。上中下游和干支流在自然条件、自然资源、地理位置、经济技术基础和历史背景等方面均有较大不同，表现出流域的区段性、差异性和复杂性。如我国长江和黄河两大流域贯穿东西，跨越东中西三大地带，存在着两个互为逆向的梯度差：一是资源占有量或枯竭程度的梯度，包括矿床、水能、森林、土地资源等；二是经济实力、经济开发水平梯度，包括资金、技术、劳动力素质、产业结构层次等。从上游到下游，资源拥有量越来越少，而社会经济发展水平则越来越高，形成了资源分布中心偏西，生产能力、经济要素分布偏东之间的"双重错位"现象。这种区段性差异是在流域经济区域系统内整合资源禀赋优势，引导各区段发展发展特色产业，实现错位竞争的基本动力。

参 考 文 献

[1] 杨光. 雄安新区历史文化遗产整体性保护与人文景观设计 [J]. 中国地名，2020 (5)：58 - 59，61.

［2］ 刘临安，李宇童. 雄安新区白洋淀水乡文化遗产的保护［J］. 中国名城，2021，35（5）：37－43.

［3］ 张靖雪. 安新县白洋淀芦苇画研究［D］. 西安：西安建筑科技大学，2022.

［4］ 王亚楠. 基于 RMP 模式的雄安新区白洋淀水乡研学旅行开发体系构建研究［D］. 石家庄：河北师范大学，2022.

［5］ 时晓晖，刘宇飞. 雄安新区水乡文化的挖掘与价值初探——以白洋淀湿地为对象［J］. 大众文艺，2018（10）：247.

［6］ 汪硕. 活化传承视角下的雄安新区乡村文化景观空间设计研究［D］. 天津：河北工业大学，2022.

［7］ 吴泽. 档案记忆观视域下雄安新区档案文化资源开发研究［D］. 保定：河北大学，2019.

［8］ 王琮琪. 南水北调中线工程对白洋淀湿地生态服务价值影响研究［D］. 郑州：华北水利水电大学，2022.

［9］ 李传哲，崔英杰，叶许春，等. 白洋淀流域水资源演变特征与水安全保障对策［J］. 中国水利，2021（15）：36－39.

白洋淀上游河道综合整治背景

4.1 白洋淀上游河流的人河关系

　　白洋淀受人类生产、湖体地形、气候变化等因素影响，历史上时缩时扩，20 世纪后叶到 21 世纪初缩减幅度较大，在过去的几十年里，白洋淀干淀现象越来越频繁，60 年代只干淀 1 次，70 年代干淀 3 次，从 1984 年开始连续 5 年均出现干淀现象。干淀事件的背后，自然原因只占一小部分，起主要作用的还是人为因素。1988 年大雨使白洋淀湖区恢复。白洋淀历为战国燕赵、宋辽边界，争战不断，民国以前白洋淀是沟通保定、天津之间的重要航道。湖区的传统产业是渔业及芦苇产业，20 世纪后，随着国内旅游业的兴起，逐渐成为旅游胜地，并于 2007 年评定为中国 AAAAA 级旅游景区。2017 年以前，白洋淀为河北省保定市及沧州市共辖，2017 年 4 月 1 日，中共中央、国务院决定在雄县、安新县、容城县设立河北雄安新区。至此，白洋淀大部为雄安新区所辖，成为雄安新区发展的重要生态水体。

　　历史上人类活动对白洋淀地区环境的影响突出表现在其地理面貌上。人类在白洋淀地区的活动，在一定时期起到了积极作用。然而，人类并没能合理开发利用和保护白洋淀。

　　目前，白洋淀面临着水体污染、入淀水量减少以及干涸等威胁，这除了自然环境因素之外，人为因素对白洋淀形态、地理面貌的改变也起着明显的作用。自宋代以来，人们在白洋淀地区的围湖造田、白洋淀流域植被的大肆砍伐破坏、白洋淀淤地被民间占垦，导致白洋淀的面貌发生变化，湖淀面积不断缩小，生态调节功能、蓄水防洪功能也随之削弱。加之每到雨季河流暴涨，泄入淀泊，泛溢为害，以及围湖造田、占垦淤地，往往使积水难以畅疏，其结果便是加剧洪涝灾害的发生。

4.1.1 清代以前白洋淀地区的开发治理与洪涝灾害

　　白洋淀又称"西淀"，在北宋以前乃至北宋时期是诸多淀泊分布的广大湿地区域，包括白洋淀、烧车淀、马棚淀、杂淀（藻苲淀）、莲花淀等诸多淀泊，到清代时期，其面积大为缩小。历史上白洋淀经历过多次收缩与扩张的过程，到目前为止面积只有 366km²，其主体位于安新县境内，约占白洋淀面积的 85.5%。这除了自然地理因素之外，主要原因在于人类活动的影响。

　　从春秋战国时期开始，古白洋淀开始收缩，沿淀收缩、干涸地区已经有人类居住地的出现，并有所发展。到了唐宋时期，已经形成一定的规模，北宋时期，989年，沧州节度副使何承矩提出在顺安寨（今高阳县以东地区）修筑塘泺、屯田戍边的设想，993年，何承矩在白洋淀所在的广大淀泊地带兴修水利，率边境各州镇兵18000人兴修水利。而后，这一措施扩展到其他州县，并取得显著效果，使白洋淀所在广大地区的自然面貌大为改观，在高位地下水和季节性地表积水共同影响下，形成的含盐量较大的重度盐化潮土成为可耕种的良性土壤。何承矩在今白洋淀地区的修筑塘泺、屯田驻兵，在一段时期内达到了目的，并发挥了应有的效果。然而，这背后潜藏着对淀泊原有生态系统的改变，势必会对淀区的生态环境造成影响。屯田虽然改变了原来广袤的湿地环境，使其军事与经济效益都有所发挥，却使其调洪、蓄洪能力有所衰减，导致灾害频发。比如，《宋史》记载，1016年，伏秋大雨，"霸州山水涨溢，害稼，坏庐舍、城壁，漂溺居民"。水灾之外，屯田也会促进淀泊的淤积，甚至干涸。《河北省志·自然地理志》记，1048年以后由于黄河北决，浸入淀泊，导致淀泊淤积严重，加之滹沱河、永定河等浊流的入侵，塘泺淤淀干涸，又因泄水种稻，堤被毁，到明代中期，界河故道已淤平。

元明时期，中央大兴土木，太行山一带森林遭到大肆砍伐，地表植被减少，每到雨季，水土流失加剧。植被的大肆破坏使得入淀河流含沙量上升，泥沙随河而来，淤积淀泊，淀泊往往泛溢为害，比如，杨村河在洪武十四年（1381年）一次决口后，在其后的70多年中决口达20多次。河流暴涨，冲积淀泊，导致淀泊堤坝溃决，泛溢为害。不仅如此，泥沙长期淤积河淀，得不到及时的清理，就会严重淤积淀泊，被占垦开辟为田地，"明弘治前，地可耕而食"。直到明正德年间才再次成为淀泊，《保定府志》记载，直到明正德年间，白洋淀由于"杨村河流入，始成泽国"。从侧面反映出在这之前，白洋淀已经干涸。此外，人们对于淀泊的不合理开发利用，也是导致其生态环境变化的原因之一，沿河沿淀州民，设坝为渔，则水积而土存，因致沙淤也，积之久则河渐平，水渐逆。这样在植被破坏的同时，淀泊泥沙淤积，加之人们围水养殖、占垦淤地，导致淀泊逐渐缩减。元朝时期，除了植被的破坏以外，淀泊地区农田水利的兴修，也影响淀泊的生态环境。虽然元朝也在河淀地区曾经兴修过水利，但为时短暂成效不大。

明代徐贞明、汪应蛟、左光斗、董应举等人对京畿地区也进行水利营田，并起到一定的功效。同时，随着人口的增加，对粮食的需求增加，必然加大对土地的开发利用，使得之前一些洼地也相继被开垦为可垦种的良田，随着政令不举随之荒废，这样一旦洪水暴涨，河流泛溢，势必成灾。道光《安州志》记载，1370年，"河水泛溢，安州高阳为甚"；1478年夏六月，"安州、新安大水城畿陷"；1553年，"夏大雨坏民田屋，人畜死者无算"。

总而言之，自宋代何承矩在塘泺地带驻兵屯田，使得广袤的淀泊环境得到一定的改善，发挥了其军事与经济的双重效用。随着政权更迭，以及管理不善，导致塘泺实施逐渐废弛，作用日益削减，其结果便是加剧灾害的发生以及灾害带来的损失。

4.1.2 清代以来人力作用于白洋淀下的水环境

进入清代，人为因素对白洋淀的作用更加明显。清代是白洋淀地区洪涝灾害多发的时期。道光《安州志》记载：1649年，"九河泛溢，田庐漂没"；"康熙六年大水，堤决，禾稼尽淹"；1839年7月，连续的降雨，又将庄稼尽数淹没，这样，原本经过元、明两朝时期的影响，淀泊面积不断缩小，并且削弱了蓄水、泄洪能力。雍正年间，清政府在淀泊地区营造稻田，雍正六年（1728年），仅安州和新安县各村农民自营稻田分别为"十六顷三十八亩"和"五百五十九顷六十六亩九分九厘"。此后，营造稻田扩展到各个州县，这样就使已经面临威胁的淀泊形势更加严峻，以后各年，每到雨季，河流暴涨，淀泊往往泛溢为害。道光《安州志》记，1801年，"直隶大水，安州尤甚，平地出泉水，自炕中流出"。1873年秋汛，雄县赵村大清河堤"漫决成口，上游诸河合流遂由决口灌入西淀，倒漾安州、任丘一带农田，为害甚大"；光绪十二年（1886年）直隶大水，安州"南北堤亦有溃决，沿河沿淀村庄，皆平地漫水数尺。"这样，营造稻田虽然解决了当时淀区人民的粮食问题，但在一定程度上打破了淀泊原有的生态系统，改变了淀泊的地理面貌，淀泊沟渠、堤坝、农田、苇地、村庄等交错分布，使得以前广袤的淀泊面积逐渐减小，部分地区已经淤积，到了清朝前期，东西二淀"大半淤塞，一遇暴涨，淀河旁溢为灾，上流诸水亦冲溢为灾"。所以，清代在白洋淀地区的农田兴修在一定时期内达到了其应有的效果，然而也产生了一些负面影响，新安、文安、霸县等邻近淀泊地区，地方政府官员与民间竞相占垦，阻碍河道，得不偿失。

此外，民间对河淀淤地的占垦，进一步导致白洋淀的消退，水域面积收缩。对于淤地的占垦，除了民间的自发进行外，还有政府政策的允许。乾隆年间，督臣高斌就曾提出允许民间垦种河淀淤地，但是不准开垦主要过水的地方；到了光绪年间，河淀的淤积也更为严重，占垦现象也更频繁。针对民间对淤地的占垦，并且政府没能很好地治理，对此李鸿章上奏呈："惟念愚民不知例禁，相沿已久，或辗转价买，衣食所资，未便一律禁绝，不得不变通办理。"从中可见，这在一定程度上已经默许了民间自行占垦。进入20世纪以后，白洋淀的淤积情况更加严重，已经难以清理恢复原貌。鉴于此，1903年，袁世凯上奏请求解除禁令，允许人民佃种白洋淀淤地，对此《袁世凯奏议》记："惟查淀边之地，现在日益淤高，竟成膏腴，白洋淀淤尤属内地良田，相应请旨俯准，弛禁招民佃种。"这样，反而促进了对白洋淀淤地的占垦，使得白洋淀淤积日甚，甚至干涸。民国《新安志》记载，民国十二年（1923年）亢旱，白洋淀涸为平陆，白洋淀面积大约只有"366平方公里"。

1958年始白洋淀上游兴建水库。其中河北境内大型水库6座、中型8座、小型121座，山西境内中型水库1座、小型2座，北京市境内小型水库18座，总库容达36.35亿 m^3，总控制面积1000km^2，占大清河流域山区总面积的64%。这些拦蓄工程对白洋淀虽然可以减少洪涝灾害，减轻淤积，但是也造成淀区连续干淀。1957年保定地区年平均降雨量449.4mm，年入淀水量是8.66亿 m^3，而1971年年均降雨量468.5mm，而入淀水量是2.14m^3。1971年比1957年降雨量增加了19.1mm，入淀水量反而减少了6.51亿 m^3。这是上游拦蓄、用水加大所造成的，再加上调蓄不当，其结果必然造成白洋淀干淀现象。近20多年时间里，有许多的年份处于干淀状态（1966年、1972年、1973年、1981年、1983—1987年），1988年前的白洋淀基本干涸。为保证白洋淀不干淀，每年汛前从上游水库放一部分水济淀，并加强淀区用水管理，才使白洋淀这几年有水可蓄。可见关键在于人为的用水调度。

使用净水排放污水，加速白洋淀环境恶化，随着工农业大发展、人口急剧增长，生活用水增加，加之近年发展旅游业，都是用净水，向淀区排污水，简称"用净排污"，造成白洋淀水环境日益恶化。农业方面主要在淀区上游发展灌区、打机井和周边扬水。截至

1984 年，修建万亩以上灌区共 35 处，保定地区打机井 8.5 万眼，局边建扬水站 36 处。1955 年以来大清河流域灌溉面积增加了 104.8 万 hm^2，1980 年工、农、生活总用水达 50.48 亿 m^3，其中农业灌溉用水达 43.35 亿 m^3。

2018 年以来，开展白洋淀上游生态环境治理与生态修复重点工程项目 22 个，总投资 9.3 亿元。2017 年以来，累计向白洋淀上游河道补水 46.15 亿 m^3。南拒马河定兴段呈现出的人水和谐的秀美画卷，是白洋淀上游水系综合治理和生态修复带来的结果。据了解，保定市境内有白洋淀上游入淀河流 9 条，境内河流总长 915.4km。2017 年以来，保定市通过调配本地地表水、南水北调长江水和合理利用雨洪资源，进行河道生态补水，开展河湖生态功能建设与修复。截至 2022 年 3 月 29 日，全市累计向白洋淀上游河道补水 46.15 亿 m^3。通过持续大量生态补水等措施，白洋淀上游有水入淀河流水质全部达到Ⅲ类及以上标准。

以河湖长制为抓手，保定市设立市、县、乡、村四级河湖长 5088 名、基层巡河员 2583 名，河湖长制责任部门 29 个、市级河湖长技术参谋 56 人，建立起横向到边、纵向到底的组织体系。此外，与山西省大同市、忻州市签订联防联控协议，加强跨省流域上下游突发水污染事件的联防联控应急管理，形成良好的河湖管理秩序，实现河湖面貌持续向好。

持续开展以河道垃圾、非法排污、涉河违建、非法采砂整治为主要内容的河湖治理行动，累计排查清理 6000 余处，清除河道垃圾 1100 万 m^3，拆除各类违建 1407 处，封堵非法排污口 1785 个，清除树障 2.13 万亩，设立各类警示牌、标识牌 1.1 万余个。127 条流域面积 50km² 以上河道相继得到清理，多年来积累的河道遗留问题逐步得到解决。特别是在河道非法采砂方面，近年来，重点对南拒马河、清水河、府河、孝义河、月明河 5 条河流实施中小河流治理，共开展 6 个项目，先后投入资金 1.79 亿元，累计治理河长 56.42km。实施河道防洪治理工程。分批次系统整治 9 条入淀河道，总投资 30.67 亿元的南拒马河防洪治理工程是服务雄安新区建设的第一个水利工程，在 2020 年汛前达到防洪治理标准。总投资 39.9 亿元的白沟河治理工程是雄安新区昝岗组团的重要防线，2021 年 8 月已开工建设。同时，计划投资 138 亿元，对其他 7 条入淀河道进行防洪治理，工程完成后将形成一道道牢固的防洪屏障。

纵观历史，从北宋时期对白洋淀地区塘泺的修建开始，经过元、明两代植被的大肆破坏，再到清朝时期的水利营田，这都将白洋淀的面貌大为改变。使原本就水患灾害多发的淀泊，蓄洪、泄洪功能大为削弱。元、明时期，对白洋淀上游河流植被的大肆破坏，使得淀泊淤积加速，虽然这一时期也在淀泊地带兴水利营田，但是时效简短，成果不大。步入清代，人们对白洋淀面貌的改变最为显著，大兴水利营田，围湖造田，田间开挖沟渠，修筑堤坝，占垦淤地，使得白洋淀的面貌与生态环境大为改变。

回顾历史，站在当前，展望未来。白洋淀的淤积以及水源减少，面临干涸，不仅是一个历史问题，这也是目前白洋淀面临的一个严峻现状，对于未来白洋淀地区的治理与开发更是如此。所以，对历史上，社会人力作用对白洋淀影响的探讨，对于今天白洋淀面临的水源污染、干旱等问题的解决，具有历史借鉴意义与现实指导意义。

4.2 白洋淀上游河流的河道治理

经过几年的深度治理，白洋淀生态环境治理和保护已经从污染治理为主向污染治理与生态恢复并重阶段转化，进而向生态修复为主阶段转变。白洋淀环境综合整治与生态修复是一项系统工程。专家指出，要恢复"华北之肾"功能，必须着眼于改善华北平原生态环境全局，将白洋淀流域生态修复作为一项重大工程同步开展工作，一体推进补水、清淤、治污、防洪、排涝，保障生态用水和水环境安全，全面恢复白洋淀的新陈代谢功能，形成畅通健康的水循环体系。

4.2.1 生态补水

让白洋淀的水多起来、活起来。唐河污水库库尾紧邻白洋淀，对白洋淀的水生态环境构成严重威胁。作为雄安新区 2018 年水环境治理的一号工程，唐河污水库治理修复一系列措施有效实施——全面清理、治理库内垃圾和存余污水，开展土壤、底泥的治理修复和风险管控，对治理好的区域进行覆土绿化、美化。3 年后，昔日的污水沟变成了生态廊道。唐河污水库治理也成了白洋淀加快生态修复的一个缩影。

水质是白洋淀生态环境治理和修复的关键。过去的白洋淀，曾面临"口渴"与"污染"的威胁。实施生态补水，合理调控淀泊生态水文过程，是白洋淀生态修复最直接、最有效的措施。

近年来，雄安新区坚持治污和修复并重，大力实施清河补水行动。一方面，清理整治河道，防止污染下泄；另一方面，实施生态补水，保障淀区生态用水。记者了解到，新区全面推进大清河流域及白洋淀污染防控综合治理，实施大清河流域"控源—截污—治河"系统治理，有效维护白洋淀及上游河道生态环境。同时，位于白洋淀上游的保定市，科学调配水资源，对入淀河流实施生态补水。府河、孝义河、瀑河、白沟河等河流基本实现常年有水入淀，河流生态实现较好恢复。据统计，2018 年以来，河北省累计为白洋淀补水 13.04 亿 m^3，年均入淀水量 4.3 亿 m^3，使白洋淀水位稳定保持在 6.5m 以上。近两年，白洋淀的最高水位达 7.4m，是近 20 年少有的高水位状态。生态补水，让白洋淀的水多起来、活起来。为了让入淀清水变"活水"，雄安新区建立和实行生态补水运行机制，根据白洋淀生态用水需求，科学调整补水时段和补水水源、水量，增加水动力和水体流动性。随着常态化补水机制的建立，白洋淀水多了、水清了，水面变大了，水生态系统正在逐步恢复。

4.2.2 生态缓冲

给白洋淀装上"超级净水器"后，淀鸥、白鹭悠游栖息，成群结队的麻雀也在水草和绿树间追逐嬉闹，治理后的藻苲淀显得格外清新明亮。目前，总占地面积 5.4km^2 的藻苲淀退耕还淀生态湿地恢复工程（一期）已经竣工，重现白洋淀独特的"台田苇海、鸟类天堂"胜景。

府河河口湿地位于府河、漕河、瀑河 3 条入淀河流河口区。过去，府河常年承接上游污水处理厂尾水，水质很差，湿地也大面积萎缩，严重影响到下游白洋淀的生态环境。改善白洋淀水质，关键是把住"入口关"。雄安新区 2019 年首次实施退耕还淀，全力推动退耕还淀还湿先行示范项目——府河、孝义河河口湿地水质净化工程。

建立入淀最后一道生态屏障，重点做好上游来水的水质净化，从源头上提升入淀水质。通过连通渠将府河、漕河、瀑河 3 条河流来水汇合引至调蓄池，经提升泵站和配水系统进入湿地，依次经过前置沉淀生态塘、潜流湿地和水生植物塘等水质净化单元净化入淀水质，水体达标后回到府河主河道。

退耕还淀成为实施白洋淀生态环境治理和保护的关键措施之一。前置沉淀生态塘、潜流湿地和水生植物塘这三个净化单元，构成了一个大型的水质净化器，持续过滤有害物质。潜流湿地是其中的核心部分，通过生物膜分解污染物、金属离子化学沉淀反应除磷、沸石除氨氮等优化潜流湿地滤料组合布置，形成一套预防和减轻湿地堵塞、保障潜流湿地水质净化效果的关键技术。这是一种近自然多级湿地水质净化工艺，解决了污水处理厂尾水水质提升的技术难题，保障了入淀水质不断提升。目前，项目调试期氨氮浓度降低约 67%，总磷浓度降低约 58%，已成为华北地区规模最大的功能性人工湿地。府河河口湿地的建设，打造了一个生态屏障，形成白洋淀生态缓冲区，使湿地生态系统加快恢复。

4.2.3　生态治理

生态治理让白洋淀的水净起来、美起来。在府河河口湿地扇面的最末端——水生植物塘处，大水面、浅滩和岛屿为鸟类提供了多类型的栖息地环境，种植的本土水生植物和投放的鱼类、贝类为鸟类提供了良好的觅食条件。目前府河河口湿地水生植物已达 30 多种，各种涉禽、游禽 20 多种。湿地出现 70 余只国家二级保护动物小天鹅，是白洋淀 2021 年以来发现的最大小天鹅种群。白洋淀共记录有野生鸟类 224 种，较雄安新区设立前增加了 18 种。

为了保护白洋淀水生生物多样性，河北省科学设置禁渔期，累计在淀区增殖放流水生生物苗种 1.5 亿多尾，多年未见的鳑鲏鱼、黑鱼、嘎鱼等物种重现白洋淀。雄安新区管委会相关负责人表示，白洋淀生态修复保护是一项重大系统工程，将坚持高质量、高标准，持续全力推进各项治理和保护措施，紧紧围绕白洋淀水质改善核心目标，聚焦水资源、水生态、水环境全面改善，坚持内外共治、修治并重、防排并举，推动全流域、上下游、左右岸、淀内外协同治理，让"华北明珠"重放光彩。

此外，河北省还实施一系列措施明确约 96km² 的生态功能区，主要保护白洋淀重要的动植物资源及其自然环境，实施严格的生态保护管控措施；生态服务功能区为淀内其他区域，主要展示自然风光和人文景观。

为实现有鱼有草，不断提高淀区生物多样性，河北省将持续开展生态修复，有序清除淀内围堤围埝，实施退耕还淀，修复鸟类栖息地、台田景观，恢复水生动物种类和数量，大规模开展植树造林，构建"一淀、三带、九片、多廊"的雄安新区生态空间格局。

4.3　白洋淀上游河道综合整治制约因素

4.3.1　基础设施薄弱

很多堤防、河渠、水库等多年失修，无法应对变化多端的气候。水库的储水能力低下，没有完善的水净化设施，只能是简单地对水进行处理就进行使用，对河流区域居民生活质量具有重大影响。许多中小河流主要是在 20 世纪 50—80 年代通过群众投劳进行治理过，中小河流治理总体滞后，与大江大河的防洪建设相比，中小河流仍处于"大雨大灾、小雨小灾"的局面。特别是近些年来极端天气事件增多，中小流域常发生集中暴雨，形成较大洪水，造成比较严重的洪涝灾害。

4.3.2 缺乏规划指导

很多中小河流缺乏系统的规划工作，治理计划混乱，项目的前期工作严重滞后，整体整治基本情况不明，治理目标和任务不明确，随着经济发展和人口增加，河流沿岸的城镇规模日益扩大，社会发展迅速，人们生活逐渐富裕，很多重要经济发展重点企业、项目也大力开展起来，都对防洪安保工作提出越来越高的要求，但是目前前期工作不能满足河流治理和管理的需要，难以有效指导近期河流的治理和保护。合理的规划指导是河流整治工程顺利进行，高质量完成的保障。

4.3.3 治理投入严重不足

对中小河流整治不够重视，对其长期的经济社会发展安定作用认识不够，地区资金的投入首先满足的是道路建设、城镇设施建设、企业发展等。上级部门对地区建设需求了解不够，对于中小河流整治难度与所需经费的投入没有认识清楚，虽然有投入，但是距所需投入差距较大，地区只能进行表成工作的整治或是进行某些能明显体现整治痕迹的工程。

4.4 应对河道整治问题的对策

4.4.1 因地制宜、结合气候做出具有当地特色的河道整治规划

要坚持人与自然和谐发展，做到既能防洪又能抗旱。要处理好天气多变及天气变化及时性的应对措施。加强对当地历年气候状况的统计及分析，结合近年气候变化状况，对于河道整治后所要应对的气候状况有个明确的认识。同时对河道周围自然环境的恢复及保护也是要重点进行的长期的工作。对生态保护区要合理规划严格执行，采用各种技术尽量提高植被的覆盖率，建设一个绿色工程。

4.4.2 要突出重点，标本兼治

要坚持突出重点，做到既能治标也能治本，对于沿岸旱涝灾害较易发生的城镇，农田较为集中，放牧区较为重要的地区要优先进行整治，在整治的时候要注意对较为突出的矛盾进行治理，首先解决关乎大局的严重的问题，把对人员、财产、房屋、农田等损害严重的地区进行较集中的重点处理。再对其他方面问题进行综合完善治理。以达到河流整治的整体规划完成，使得河流不再成为影响城镇经济发展的障碍，而成为推动经济发展，稳定社会。从古至今河道发展较好、整治科学的地方，其附近的经济、社会发展都相对较好，比较繁荣。标本兼治则是强调不能忽视其他目前对整治目的影响不大的小地方、小细节。现在这些问题不突出不代表以后就能一直只是个小问题，在中医里面有一个思想就是未病先防，已病防变，都突出一个"防"字。要用善于观察的眼睛去发现各种潜在的问题，对其进行相应的防护措施。也要能够对以有问题的发展具有长远的判断，在整治工作中能够整体兼顾又重点突出。

4.4.3 重视规划，提高规划前期准备工作效率

（1）规划要重点突出，目标明确。标明重点地区、重点河段及相应的重点措施，以便在施工中分清主次。要有明确的规划目标，要优先治理对当地整体发展较大的中小河流。

整治工作的前期规划关系的整个工作的顺利进行，很多工程的夭折就在前期工作，前期工作虽然重要但是也不能耗时太多，这样对工程的整个进度会有很大影响。所以重要并不代表可以没有要求。

（2）规划方案要考虑到当地的具体情况，如河流的位置、当地河流整治的目的、当地的财力等。这些都必须进行具体的调查和认真的讨论，做到利益最大化。要本着不浪费的原则进行，不能胡乱使用资金。中小河流的整治本来就是较为繁重的工程，所需资金量其实还是挺大的，资金使用稍有偏差就可能导致资金不足的问题，就会使得整个工程进度受到严重影响。

（3）规划要处理好近期利益与长远利益的关系。统筹兼顾中小河流的治理与河道管理，综合运用工程措施和非工程措施，注重实效，量力而行。既要能够应对当前的气候环境、社会环境的需要，又要具有前瞻性建设，提高其使用年限及使用效率，做到真正的资源优化配置。

4.4.4 明确各级事权及负责

（1）中小河流的治理主要在地方，但是地方措施的实施必须得到中央或是省级的批复与监督。在治理中，主要责任要由地方负责，进行组织实施，对整个整治工程进行全盘领导。上级主要就是给予适当补助及意见。不能过多插手，胡乱给予意见，把权力都抓在手里。地区要成立强有力的领导班子，提高对河道整治工作的重视及关注，在政府工作重心的调整中，能够做到合理化。

（2）在河道整治中，在整治方案批复后，其建设在占用土地、良田、牧场等问题上，政府及各部门应要及早做出应对措施，要对当地居民的不满或是不理解进行耐心讲解劝导，搞好民众关系，不能进行强制执行或是采取强硬态度，即使是利民的好政策也要让人民认识到才行。

4.4.5 加大对河道整治的投入

河道整治资金不足严重制约河道整治工作的进行，无论规划多好，整治前景多大，对当地的作用多重要，但是没有足够的投入，工程无法很好地开展，一切都只是空谈。现在国家大力提倡发展，发展的不仅是经济，也要发展基础建设，资金的投入不能只在经济方面，在关乎民生的基础设施上，一点也不能忽视，河道整治就是为了改善这一现状，它对于当地经济发展有着不容忽视的作用，因而中央或是上级部门应加大对其投资力度，对重点地区的投入要足够，能够在资金上留有余地，使得整治工作的顺利进行。

4.4.6 要大力宣传

加强对河道的保护要合理处理生活垃圾、废水的排放处理，选择适合正确地进行集中环保处理，同时提高人们的环保意识，大力宣传河流对于地区经济、社会、人文的重要作用。倡导人们积极加入河道整治工作的大环境中，使得河道整治工作的进行与完善有强大的动力与支持。

4.5 河道综合整治主要措施

国内外砂质河道综合整治的主要措施涉及水土保持、水资源管理、生态恢复等多个方面。

1. 水土保持与侵蚀控制

植被恢复与保护：通过植被的恢复和保护，可以减缓水流速度，降低侵蚀速率，稳定河道的土壤。

护岸工程：采用合适的护岸工程手段，如石笼护岸、草护帘等，加固河岸，减少侵蚀，维护河道稳定。

2. 河床整治与调控

河床疏浚：清理河道内的淤积物，恢复河床原有的通水能力，提高河流输沙能力。

河床调整：根据实际需要对河道的横截面和纵坡进行调整，优化河床形态，降低流速，减缓水流。

3. 水资源管理与调控

水库与调蓄池建设：通过建设水库和调蓄池，实现对水流的调控，防止洪水，调整流量，稳定河道。

水资源分配规划：科学规划水资源利用，合理分配水量，满足农业、工业和城市用水需求。

4. 生态恢复与保护

湿地修复：通过湿地修复，提高河道周边的生态系统服务功能，改善水质，保护生物多样性。

水生态补水：在需要的时候进行水生态补水，维持适宜的河流生态环境。

5. 治理农业面源污染

农田水利工程：采用科学的农田水利工程手段，减少农田径流对河道的冲刷和污染。

农田梯田和植被带：构建农田梯田和植被带，减缓水流速度，减轻农田径流对河流的冲击。

6. 社会参与与宣传教育

社区参与：引入社区参与，通过居民参与河道整治工作，提高整治工作的社会认同感。

宣传教育：通过宣传教育，提高公众对砂质河道保护的意识，形成全社会共同参与保护的氛围。

7. 监测与评估

环境监测：建立河道水质、水量等的监测体系，实时监测河道状况，及时发现问题。

效果评估：定期对整治工程的效果进行评估，不断优化技术路线，确保整治工作的长效性和可持续性。

这些技术路线通常需要综合考虑当地的地理、气候、生态环境等因素，因此在具体实施时需要根据实际情况进行调整和创新。

参 考 文 献

[1] 王永源. 人力作用下白洋淀地区的生态环境变迁 [J]. 法制与社会，2017 (24)：213-214.

[2] 马乃喜. 地理学的综合研究与国土整治 [J]. 中学地理教学参考，1986 (4)：1-2.

[3] 《海河史简编》编写组. 海河史简编 [M]. 北京：水利电力出版社，1977.

白洋淀上游河流综合整治技术方案分析

白洋淀上游河流为季节性河流，基本水情是夏汛冬枯，即水资源时空分布极不均衡。因此，白洋淀上游砂质河道的综合整治必须坚持系统思维，统筹水资源、水灾害、水环境、水生态、水经济、水文化等六水同治，着力补齐水资源配置、防洪排涝、水生态保护等短板和薄弱环节，不断提高水旱灾害防御能力、水资源节约集约利用能力、水资源优化配置能力、大江大河大湖生态保护治理能力，切实践行人水和谐理念，推进生态文明建设，不断满足流域内人民美好生活向往以及服务流域经济发展建设大局。

5.1 防洪安全

河道防洪安全首先应本着"蓄泄兼筹、以泄为主"的原则，全面考虑蓄存与泄放，但以泄洪为主。白洋淀上游砂质河道防洪治理应当统筹谋划，综合考虑河流上下游、左右岸，通过河流管理体制机制改革，完善水利工程设施、补齐工程短板，以及运用新进科学技术手段，达到防灾减灾，建设幸福河湖的整体目标，从而不断推进白洋淀上游河流治理能力现代化进程。

5.1.1 管理方面

1. 完善防洪应急体制机制

科学完善的体制机制是防洪工作的保障。为提升河流乃至流域防洪能力，一是应结合客观实际，制定或不断修订完善流域（地区）防洪规划，落实一河一策，根据河流各自情况，明确防洪标准；二是水利部门、地方政府加大组织管理，明确防洪应急组织机构，加强统筹管理，同时将防洪减灾措施应用的具体责任落实到各个部门和个人；三是结合不同区域、部门情况，修订完善防汛应急预案，并及时督导、指导各地区开展防汛应急演练，提高防汛应急综合能力；四是推进防洪法规制度以及防洪安全科学知识的宣贯力度，同时阔大宣传范围，不断提高人员防洪安全意识及防洪安全科学能力。

2. 加强监管，强化日常管理

各级水利部门，充分结合地方河长平台，统筹各方力量，做好河道的确权划界，明确河道管理范围，落实每段河道的管理责任主体，依据河道管理条例建立起有效的河道日常巡查管理制度。不断加强对河道的监管，通过日常巡查，及时发现、解决河道内影响行洪的堆积物、违建工程设施等，不断畅通河道行洪通道。

5.1.2 工程措施方面

防洪工程措施当前应用最为广泛的主要包括堤防和防洪墙、分洪工程、河道整治工程、兴建调蓄水库以及设立、使用蓄滞洪区等。依据对洪水的作用可归纳为挡、泄、蓄。白洋淀上游河流防洪安全，应由多种工程措施相结合，以河道堤防为基础、大型水库为骨干、蓄滞洪区为依托的防洪工程体系，对洪水进行综合治理，达到预期防洪目标。

1. 防洪工程布局

针对白洋淀上游防洪体系存在的短板和问题，以防洪保安全为目标，全面排查防洪薄弱环节，系统规划防洪工程布局，实施干支流、上下游、左右岸系统综合治理。

一是分区，因地制宜开展防洪治理，依据上游实际情况，将上游防洪布局划分为南支防洪布局、北支防洪布局。南支在充分利用上游大中型水库调蓄洪水，减轻下游河道防洪压力。加强潴龙河、孝义河、沙河、唐河、清水河、府河、漕河、瀑河、萍河等入淀河流综合治理，加高加固新安北堤，增强行洪能力，加强白洋淀蓄滞洪区工程和安全设施建设，科学利用蓄滞洪区；北支防洪布局在加强南、北拒马河、白沟河及其他河道的综合治理，加高加固南拒马河右堤、白沟河左堤等，增强行洪能力，兴建兰沟洼分洪、退水控制工程，加强蓄滞洪区工程和安全设施建设，有效利用蓄滞洪区。

二是充分发挥上游王快、西大洋、王各庄等山区防洪水库的拦蓄作用，充分发挥大清河、海河流域防汛抗旱组织机构平台作用，强化流域多目标统筹协调调度，建立健全各方利益协调统一的调度体制机制，强化流域防洪统一调度，保障流域防洪安全。

三是科学合理各河流洪水安排，明确各河道（各河段）洪水设计标准，依照防洪保护区域重点情况，因地制宜设置分洪区、蓄滞洪区，统筹蓄泄关系，重点保障、分区设防，保障流域防洪安全。

2. 工程措施

白洋淀上游砂质河道，河流经山区河道过渡至平原河道时，水流流速降低，河流携带沙石等沉积易造成河床抬高，河流水位上涨，加之部分河道枯水期违法采砂行为，造成河道砂坑，影响河道走势。若未注重河槽的治理、大量淤泥堆积等，在砂质土堤段包含砂基前提下，如果水位被持续抬高，再加上水流量的增长，溃堤风险高，严重影响堤坝的安全性能。因此需做好河道清淤疏浚，加强护坡建设，清除淤泥堆积量，持续提高堤坝泄洪能力，稳定河势，避免河道险情的出现。

3. 开展河道平整工程

河道平整包括清淤、砂坑回填。河流河道断面的缩小主要是两方面的原因：一方面，历年的行洪带来泥沙沉积造成河槽淤积严重；另一方面，随着社会经济的发展，河道沿岸城镇排放的生活污水以及垃圾肆意倒放，致使过水断面逐渐减小。

同时白洋淀上游部分河道存在违法采砂情况。违法采砂使原本平顺河道出现大量砂坑，造成河床高低不平，河流易产生横流，水流流场紊乱，打破原有水沙平衡关系，加剧水流淘刷，致使砂坑纵横断面不断展宽，岸滩坍塌，影响河势稳定和演变，不利于行洪，威胁两岸人民群众生命财产安全；河床坑洼不平、水流走向混乱，加大了对现有涉水工程基础的冲刷，损坏工程基础，影响工程稳定安全。

为此，通过平整、清理等有限的工程措施，理顺河势对白洋淀上游河道行洪安全十分必要。可根据河道整体坡降、高程，考虑砂质河道安全冲刷流速，确定河道设计坡降、河道宽度等因素，进而开展对淤积的砂石、垃圾进行清理，对因采砂形成的砂坑进行回填。即针对河道淤积严重，过水断面缩小的河段，根据河道不同段河床的淤积程度，制定不同的清淤方案；于河道沿岸堆砌的生活垃圾开展清除工作，开展河道清淤疏浚工程，扩大河流下泄断面，从而达到迟滞洪水（降速）的目的，见图 5-1、图 5-2。

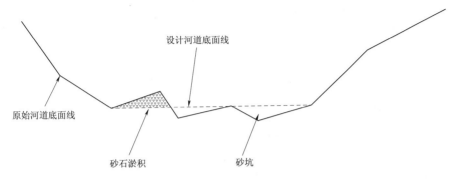

图 5-1　河道平整横断面示意图

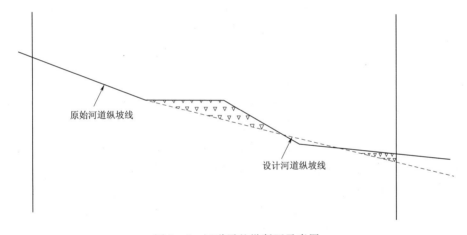

图 5-2　河道平整纵断面示意图

4. 规范涉河项目建设审批，清除违建

受利益驱使以及河道管理部门监管不到位原因，涉河违章建筑、涉河旅游项目以及违规种植高秆作物，设立树障等情况，威胁河流行洪安全。本着畅通河道兼顾合理开发河流资源的原则，一方面对未经审批的涉河违建按照《中华人民共和国防洪法》对河道的明确法律规定，开展清障工作，对于清障后的河道行洪能力要进行复核，确保其恢复原设计行洪标准；另一方面完善涉河审批程序，规范、严谨开展涉河项目防洪评估，在不影响防洪前提下，合理开发利用水能资源。

5. 堤防整治

当前白洋淀上游河道部分河段无堤防，部分堤防存在超高不足、堤身矮小，断面单薄，加之年久失修，风刮雨冲，堤防的外形尺寸比原设计都有不同程度的降低。河道堤防与堤基大部分为砂壤土，个别堤段为砂质堤，局部有壤土、薄层壤土夹层及粉细砂层，由于砂壤土抗冲刷能力较差，粉细砂渗透性强，加之在施工环节，对堤身材料压实不够，堤土干密度小，空隙大，局部土体沉陷，大部分堤段达不到规范规定的填筑标准。一旦高水位行洪，将严重威胁大堤安全。此外，有些河道堤防年久失修，狼窝鼠洞较多，局部堤段还存在獾洞为害，对堤防造成较大隐患。治理措施如下：

（1）河道堤防工程级别确定。根据 GB 50201—2014《防洪标准》城市防洪区等级和防护标准，结合白洋淀上游河流所流经的城镇客观实际情况，确定上游城镇河段河道防洪标准；根据 GB 50286—2013《堤防工程设计规范》，结合河道防洪标准确定上游河段各河段堤防标准。

表 5-1　　　　　　　　　　　城市防护区的防护等级和防洪标准

防护等级	重要性	常住人口/万人	当量经济规模/万人	防洪标准[重现期（年）]
Ⅰ	特别重要	≥150	≥300	≥200
Ⅱ	重要	<150，≥50	<300，≥100	200～100
Ⅲ	比较重要	<50，≥20	<100，≥40	100～50
Ⅳ	一般	<20	<40	50～20

表 5-2　　　　　　　　　　　　　　堤防工程的级别

防洪标准/[重现期（年）]	≥100	<100，≥50	<50，≥30	<30，≥20	<20，≥0
堤防工程的级别	1	2	3	4	5

根据以上分析，确定乡村河段堤防等级为 4 级。一般城镇为 3～2 级（包括高速路、铁路等关键河段）。雄安新区起步区周边堤防为 1 级堤防。

（2）堤身设计。堤身设计考虑经济、实用原则，考虑白洋淀上游为砂质河道，可就地取材，堤型以砂石料、土为主体，黏土心墙防渗体的均质土堤，断面采用梯形断面。抗滑稳定分析采用瑞典圆弧法。具体情况如下：

4 级、3 级堤防：按照规范要求，堤顶高程由设计洪水位加堤顶超高确定，宽度确定为 3m，堤顶坡度选择 3‰，迎水面加设防浪墙，高度 1.2m；迎水面、背水面坡度均选用 1：3；背水面设置戗台，戗台宽度 1.5m，设置排水沟、排水体。

2 级、1 级堤防：宽度确定为 8m，堤顶坡度选择 3‰，迎水面加设防浪墙，高度 1.2m；迎水面、背水面坡度均选用 1：3.5；背水面设置戗台，戗台宽度 1.5m，设置排水沟、排水体，见图 5-3。

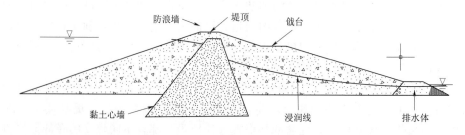

图 5-3　堤型剖面示意图

堤顶高程计算公式如下：

$$H = h + Y \tag{5-1}$$

其中：

$$Y = R + e + A$$

式中：H 为堤顶高程；h 为设计洪水位；Y 为堤顶超高；R 为设计波浪爬高；e 为设计风壅水面高度；A 为安全加高值。

（3）抗滑稳定计算。抗滑稳定分析采用瑞典圆弧法，以正常蓄水期工况，结合计算河道断面当地土壤材质实际情况开展计算分析：

计算公式

$$K = \frac{\sum\{[(W \pm V)\cos\alpha - ub\sec\alpha]\tan\varphi_u + c_u b\sec\alpha\}}{\sum[(W \pm V)\sin\alpha + M_C/R]} \tag{5-2}$$

$$W = W_1 + W_2 \qquad u = u_i - \gamma W Z$$

式中：W 为条块重，kN；W_1 为在坝坡外水位以上的条块湿重，kN；W_2 为在坝坡外水位以下的条块浮重，kN；Z 为坝坡外水位高出条块底面中点的距离，m；b 为土条宽度，m；u 为作用于土条底面的孔隙压力，kPa；u_i 为水库水位降落前坝体中的孔隙压力，kPa；M_C 为水平地震惯性力对圆心的力矩，kN·m；R 为圆弧半径，m；c_u、φ_u 为土条底面的强度指标，kPa、(°)。

工况计算简图见图 5-4。

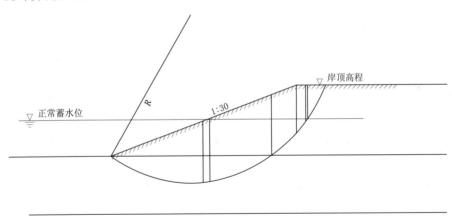

图 5-4　工况计算简图

根据 GB 50286—2013《堤防工程设计规范》，土堤边坡抗滑稳定安全系数 4 级堤防正常运用条件下为 1.15，3 级堤防正常运用条件下为 1.2，2 级堤防正常运用条件下为 1.25，1 级堤防正常运用条件下为 1.3。

6. 护坡工程

白洋淀上游堤防为砂石土材料，堤身抗冲刷性弱，渗透性强，为此应做好堤防的防护工程。防护工程以经济、安全为原则，同时兼顾景观、生态效应，现提供以下方案。

（1）植被护坡。借助人工播撒的手段，选择固土性能高、根系发达的草类品种，在边坡坡体表面种草。借助其固土功效避免堤防边坡发生水土流失；采用水力喷播法，以水为载体，将预先处理过的种子和化肥、黏合剂等材料进行混合，在使用喷播机进行搅拌之后，将其喷洒到护坡上，以此来形成相应的生态植被，是一种现代化的先进绿化技术。

（2）网格生态护坡技术。采用带孔生态转或通砖石混凝土砌块、现浇混凝土等方法制造相应网格，网格中添加营养土，种植绿色植被，进而保护堤防水土。

（3）格宾石笼护坡。由机编双绞合六边形金属网面构成箱形结构，钢丝是由厚镀锌低碳钢丝制造；在格宾网里填充石头，形成具有柔性、透水性及整体性的结构。填充料可就地取材，选用当地强度、大小适中的石料用作填充。格宾石笼网施工后表面覆土撒播种子，或者直接移植草皮，已达到景观效果。

（4）护坡结构。依照堤防防护等级、结构等要素，选用护坡合理型式。同时做好护坡基础处理，结合 GB 50007—2011《建筑地基基础设计规范》规范要求，采用碎石粗砂垫层 100mm，格宾石笼（或生态砖等厚度）选用 500mm；护坡设置浆砌石坡脚。同时，堤防高度较小时，护坡只设置护面横向排水沟；高度较大时，结合戗台设置纵向排水沟与横向排水沟。护坡结构示意图如图 5-5 所示。

7. 堤防除险加固

受常年雨水冲刷、养护不到位以及动物洞穴侵害等诸多原因，堤防出现渗漏、裂缝甚至坍塌，为此需加强堤防日常管理，加大力度开展除险加固，确保堤防发挥防洪作用。

由于堤防不均匀沉降、施工过程未严格控制土料的含水率或者堤防受白蚁、鼠等动物洞穴影响以及受水流强力冲刷产生裂缝，威胁堤防自身稳定。可采用以下技术进行处理：

一是采用开挖回填法。沿裂缝开挖沟槽，挖至裂缝以下 0.3～0.5m，底宽控制在 0.5m 以上；回填与原堤类土相同、含水量相近的土料，并分层夯实，每层厚度控制在 20cm 左右。

二是翻松夯实法。对干松或冻融裂缝，用砂土填塞，将缝口土料翻松并湿润，夯实并用不透水土料填塞缝口。

三是采用裂缝灌浆法。对于较深裂缝，采用灌浆或者上部开挖回填、下部灌浆。参照 SL 564—2014《土坝灌浆技术规范》，可采用劈裂式灌浆，即用一定的灌浆压力，沿堤坝轴线方向劈裂，同时灌注合适泥浆；采用充填式灌浆，即利用浆液自重，充填至裂缝处，灌浆孔布置在隐患或附近处，按照多排梅花形布置。

8. 完善蓄滞洪区

蓄滞洪区是流域防洪工程体系中的重要环节，发挥着极其重要的作用，也在洪水防御过程中做出了巨大牺牲。立足整个大清河流域，流域处于汛期暴雨多发地带，洪水陡涨陡落，洪峰高、洪量集中，单纯利用水库控制洪水难度较大。白洋淀上游山区水库控制流域面积占比较低，不具备利用平原干流河道直接将设计标准洪峰输送入海的条件，因此有效利用蓄滞洪区缓洪、滞洪也是流域防洪布局较为经济有效措施。

为此，一是要完善蓄滞洪区布局，使得蓄滞洪区实际状况与流域防洪整体要求相适应，提升流域整体防洪能力；二是要加大蓄滞洪区工程设施、安全救生设施的投资力度，完善蓄滞洪区建设投入机制，推进蓄滞洪区围堤、隔堤、进退洪控制等工程建设，确保蓄滞洪区按防洪调度要求使用；三是完善蓄滞洪区防洪补偿机制，明确蓄滞洪区补偿范围、补偿主体、补偿标准等，加快防洪工程建设，实现良性循环。

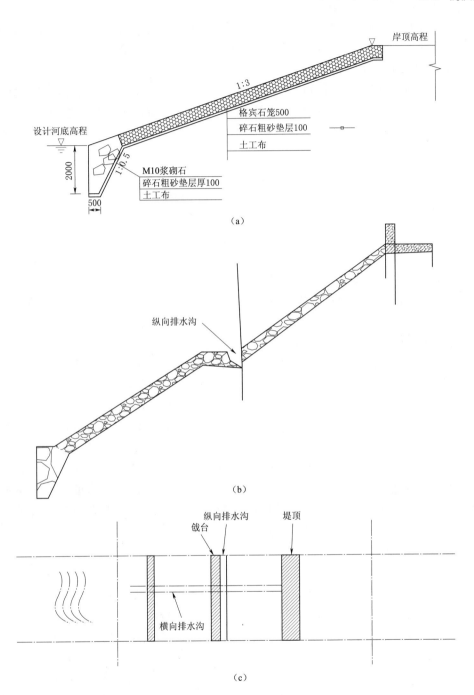

图 5-5 护坡结构示意图（单位：mm）

5.1.3 水文基础设施方面

　　水文基础设施的建设是合理利用水资源、预防水旱灾害、维护水资源、水生态健康的基础保障工作。基于目前形势，我国加强对水文基础设施的建设有利于保证水土生态环境稳定，促进国家经济发展及社会文明建设。白洋淀上游河流为季节性河流，水量随季节、

53

年度变化而变化，因此国家应加大调研与加强水文基础设施建设，促进水文监测工作的全面开展，保障水利相关工作的不断协调与完善，推动国家及社会稳定与发展。

1. 完善水文测站站点布置

在重点河流、河流重点部位加设水文站，其中包括雨量站、流量站等，形成能覆盖上游流域的测站网，实时开展水文信息收集，整理及分析，提高水文预报基础能力。同时构建网络信息通道，提高各水文站之间数据共享、共用效率，建设全面有效的水文监测环境。

2. 完善水文站水文设施设备

增加水利设施预算、投资，提高资金保障率；购置先进仪器设备，装备多样水文设备，如转自流速仪、雷达波测速仪、ADCP 等，提高测流保障率。

3. 完善水文人才队伍建设机制

完善人员经费保障机制，加大水文专业技术人才引进力度，优化水文工作办公、生活环境，营造干事创业氛围，用环境、事业、待遇吸引人，留住人才；加大水文人员培养力度，增强技能交流，不断提高人才队伍短板。

5.2 水生态、水环境治理

水环境、水生态涉及自然和社会生活的各个方面，是社会经济与人口、环境协调可持续发展的关键。而水生态、水环境综合治理是践行生态文明建设理念的基础性措施。近年来，为贯彻落实党中央、国务院对加强河湖管理保护的重大决策部署，坚持"节水优先、空间均衡、系统治理、两手发力"治水思路，以保护水资源、防治水污染、改善水环境、修复水生态为主要任务，加大监管力度、采取科学有效的手段为维护河湖健康生命、实现河湖功能永续利用提供保障。但推进生态文明建设，切实保护好白洋淀，立足服务流域人民美好生活，打造宜居水环境、优质水生态仍有较大差距，需进一步加强管理，完善科学举措。通过文献查询结合白洋淀上游流域实际情况，将技术方案分析总结如下。

5.2.1 水资源管理

随着经济社会的发展以及城市化建设深入推进，水资源供求关系平衡存在重大隐患。为维护河流健康，需加大力度对水资源的管理，严格水资源管理"三条红线"，即水资源开发利用控制红线、用水效率控制红线、水功能区限制纳污红线，加大水资源管理刚性约束。一是各级政府部门加强贯彻落实可持续发展理念，以人为本，发展城市经济必须充分考虑水资源的承载能力，通过科学的水资源论证与强有力的水利监管，规范取水许可，取缔非法取水口；二是提高用水效率，推进节水型城市建设，完善农业灌溉节水工程设施建设；三是调整产业结构，节水减排，大力发展循环经济；四是充分发挥市场经济杠杆作用，完善水价调整机制，倒逼节水工作在社会面全面铺开。

5.2.2 流域生态环境用水补偿

受季节性影响，白洋淀上游河流夏汛冬枯，在做好汛期防洪工作的同时也应当积极维护枯水季河流生态健康。经统计，白洋淀上游存在部分河流常年断流的情形，因此为维护河流生态健康，应当确保基本的河流生态基流，建立健全流域生态保护补偿机制。一是统筹协调上下游水库、水电站以及城镇生产、生活用水需求，实施精细化生态用水调度，保证河流生态基流；二是加快实施现代水网规划，畅通河湖水系连通，构建流域生态水网体系，构建多源互补的供水保障体系和河湖共生的生态水网，实现跨流域、跨地域调水，恢复河湖生态系统功能；三是推进生态流量保障工作，规范做好河道以外的生态补水工作，实现向河湖补水常态化，修复地上地下水生态环境，如充分利用南水北调补水白洋淀上游河流等；四是逐步建立、推进流域小水电站退出机制建设，利用市场因素，取缔小水电站，恢复、通过引水、调水，以达到稀释河流污染物，改善河流水生态水环境。

5.2.3 水质提升

当前，白洋淀上游河流水质提升主要以污水处理以及污染源的控制为主，从而达到水质的化学指标达标的目的，措施如下：

一是加大流域内污水排放监管力度，严格控制水污染排放，开展水污染治理，兴建截污工程。加强污水排放收集和处理设施建设。在流域内，通过强化日常监管，清产业结构底数，适时调整工业产业结构，严格控制污水的排放标准；在白洋淀上游农村地区推广雨污分流处理，并由政府主导，完善水利、排水设施，开展生产生活废水简易处理方法，从根本上减少污水排入河流。

二是强化农业农村管理，控制农业面源污染。白洋淀上游农村的农业、畜牧业生产和发展，一定程度上由于农业废弃物和畜禽污染物未得到有效处置及过度使用化肥会引起面源污染。控制农业农村面源污染的首要任务是发展绿色农业，控制化肥施用量，提倡有机肥或有机复混肥，提高化肥利用率，降低化肥中硝酸盐随雨水的流失，避免污染河流水质，同时优化畜禽养殖模式，实施畜禽粪便资源化利用。

三是进行河流疏浚。开展河道清淤，充分利用生态清淤法，如利用水力清淤，及时清除河底富营养严重的淤泥，减少潜在性内部污染源；同时开展违法阻水建筑物清障工作，提高河流槽蓄和水动力条件，增强河流自净能力；加强河岸底质绿化，开展裸露河床海绵化处理，设置生态植草沟，缓冲由雨水引起的地表径流引起的非点源污染，同时提高景观效果，不断改善河流水质条件。

5.2.4 技术监测

充分利用现在科技手段，针对重要河道、重点河段、重要饮用水源等监测对象，统筹流域与区域、地表水与地下水、水量与水质，建立白洋淀上游系统性、完整性、时效性、可操作性的水生态监控体系。一方面，完善水资源水生态环境数据采集和水生态环境监测系统，充分利用常规监测、水质自动监测、遥感监测技术以及生物监测技术等先进科技手段，加强对流域水生态环境动态监控；另一方面，增强监测数据整理、运用，通过专业的数据比较和问题分析，精确、及早、全方位地反映出水质、水文状况和发展趋向，为水环境管理、污染源控制、城市生态规划提供科学依据。

1. 监测站网体系

完善雨量站、水文站、水质站、地下水监测站体系。补充完善各河流水雨情监测预警设施，对现有水文监测设施进行改建，实现上游流域雨水情监测预警设施全覆盖；在重点河流断面、水电站取水口下游、引调水工程下游、重点城市河段断面新建生态补偿断面监测设施，实时监控生态流量情况；完善平原地下水保护监测站网体系，补充完善地下水资源质量监测站；根据饮用水源情况，补充完善饮用水源水质监测站。

2. 水文感知体系

规划构建空、天、地一体化的水文数据立体感知体系，实现对白洋淀上游水文数据的全面感知。充分利用卫星通感、航摄、智能视频、三维激光扫描、移动巡查等新技术提升水文数据感知能力，实现水情、水文测量、气象、水质等数据的感知；建设水文数据一体化物联网平台，加大数据共享力度；构建遥感检测平台，应用于对水污染防治、河湖岸线管理、生态流量监测等方面。

3. 水文服务体系

充分发挥水文信息服务的基础性、保障性、支撑性"底座"能力，构建完善的水文信息服务体系，提升水文场景化服务能力；综合应用 GIS（地理信息系统）、BIM（建筑信息模型）、CIM（城市信息模型）数据信息技术对河流重要控制性工程开展水文场景化应用服务；建立自动巡航在线水资源质量监测技术，建设自动巡航在线水资源质量监测船，实现提高对流域洪水过程变化、突发水污染等水资源问题监测的时效性、及时性。

5.2.5 地下水超采治理

流域内高耗水农作物种植结构依赖开采地下水保障农业生产安全，大量农灌井灌溉是造成地下水超采的主要原因。除此以外，工业、城镇居民生活用水采用地下水也是造成地下水超采的重要原因。而开展地下水管理和保护，对居民供水和持续加强白洋淀上游生态屏障建设有着重要作用。为此，完善灌溉农业水利设施，推进地表水水源替换工程建设，完善配套管网基础设施；提高地表水水源供水保障率以及水质安全度。同时建立健全地下水水位变化情况、取水工程数量、分布、开采层位等综合监测数据和深层承压水监测数据采集系统，加大对局部超采区治理日常监管预警等技术服务保障。

5.2.6 河岸环境整治

河岸带是具有重要生态功能、美学功能和社会经济功能的流域生态系统的重要组织部分，是水陆生态过渡地带，为生物物种生长、繁衍、栖息提供微生态环境。为此，提升河岸带微生态环境对推进水环境、水生态改善有着至关重要的作用。一方面，对上游河道的河岸带，采用阶梯式生态护岸的措施，对自然土质岸坡进行修筑，因地制宜种植乔灌木、水草或者撒播草籽，加大岸坡植被覆盖度，增强固土保土能力，以此达到保护护岸同时兼顾生态、景观效果；另一方面，明确边界，加大河岸保护力度，推进河岸线整治工程，清除违法占用河岸线的等现象。

参 考 文 献

[1] 白露，杨恒. 流域内水生态环境保护现状及对策分析 [J]. 海河水利，2023（5）：19-21.

[2] 岳素杰. 莘县地下水超采治理措施及成效 [J]. 山东水利，2021（8）：77-78.

[3] 杨峰，彭德智. 河道清淤疏浚与环保护坡的技术探析 [J]. 黑龙江水利科技，2023，51（5）：60-63.

［4］　周强．围堰法河道疏浚清淤施工问题探讨［J］．中国水运，2023，742（1）：96－98．

［5］　王青峰，周琪，李东升．城市河道清淤技术应用研究［J］．河南水利与南水北调，2023，52（2）：10－12．

［6］　文丹．河道清淤治理及施工方案设计［J］．中国集体经济，2011（24）：189．

［7］　潘科．漳河非法采砂治理研究［D］．郑州：华北水利水电大学，2020．

［8］　李尚武．水利防洪工程中生态护坡的建设措施［J］．江西农业，2019（2）：46．

［9］　包晖．生态护坡在河道治理工程中的应用［J］．农业科技与信息，2023，658（5）：97－99．

6

白洋淀上游河道运行及管理

　　白洋淀是海河流域大清河水系中游的缓洪滞洪区，与其上游几大支流共同构成海河流域大清河水系的南支。白洋淀上游河道承载着防洪行洪、向淀区输水的重要任务及河流廊道生态防护功能。经统计，白洋淀上游的骨干河流有拒马河、白沟河、萍河、瀑河、漕河、府河、唐河、孝义河、潴龙河 9 条河流。白洋淀又是华北平原最大的淡水湖，也是雄安新区重要生态功能区。近年来，为全面贯彻落实习近平总书记治水重要指示批示精神，服务建设雄安新区千年大计，推进京津冀协同发展，不断满足流域调洪蓄水能力、水资源配置能力、水安全保障能力以及社会经济发展的需要。水利部、河北省人民政府、海河水利委员会、保定市人民政府及其他相关水管部门多方协作，共同发力，从改善华北平原生态环境全局着眼，对大清河系白洋淀上游河道开展了一系列治理整顿工作，白洋淀上游河流综合状况呈现持续向好态势。

6.1　白洋淀上游河道运行及管理的重要性分析

　　河流是我国社会发展过程中的重要基础，能够为社会持续发展提供资源保障，同时也是展示生态文明的关键载体。河道是防洪过程、水资源调度配置过程中不可缺少的重要组成部分，能够强化水利工程的防洪、供水等功能，同时还可形成旅游景观，在水利工程管理过程中占有重要地位。然而随着经济发展速度不断加快，人们对河流资源开发力度有所增加，现阶段河流污染问题、河道违法建筑以及违规占用等"四乱"问题愈发严重，河道的防洪功以及自然景观功能无法发挥，在一定程度上给人们的日常生活带来了安全隐患，也不能满足人民日益增长的美好生活需要。随着国民经济和社会的不断发展，城镇化和工业化进程的加快，以及建设社会主义现代化强国的全面推进，国家、人民对防洪安全保障、生态环境保障等提出了越来越高的要求。可持续发展观对水利发展也提出了新的要求，水利发展须树立以人为本、节约资源、保护环境和人与自然和谐的观念以及全面、协调、可持续发展的观念，把解决关系广大人民群众切身利益的水利问题放在突出位置，统筹考虑流域、区域、城乡水利协调发展。

　　近年来，各地人民政府均认识到了河道治理工程项目的必要性，开始针对河道进行有序治理，以此来为生态环境建设提供重要的基础保障，优化河流系统生态环境。

6.1.1 对水利事业高质量发展的重要性

党的二十大明确提出了全面建成社会主义现代化强国、实现第二个百年奋斗目标，以中国式现代化全面推进中华民族伟大复兴的中心任务，而中国式现代化需要有力的现代化水利作为支撑保障。准确把握中国式现代化对水利事业发展提出的新要求，统筹谋划新时代水利事业高质量发展总体战略和任务举措，对于支撑保障全面建设社会主义现代化国家、全面推进中华民族伟大复兴具有重要意义。新时代下，水利事业当前治水的主要矛盾已经由人民对除水害兴水利的需求与水利工程能力不足之间的矛盾，转变为人民对水资源、水环境、水生态的需求与水利行业监督管理能力不足之间的矛盾。因而完整、准确、全面贯彻新发展理念是当前和今后一个时期做好水利工作的方向和根本遵循。

而江河湖泊治理保护是关系中华民族伟大复兴的千秋大计。党的十八大以来，以习近平同志为核心的党中央高度重视水利工作，站在中华民族永续发展的战略高度，提出"节水优先、空间均衡、系统治理、两手发力"治水思路，为推进新时代治水提供了科学指南和根本遵循。白洋淀上游骨干河流位处海河流域，地理战略位置尤其重要，推进上游河流综合治理是满足国家现代化建设，服务流域社会经济发展的必要举措。因此应着力推进上游河流综合治理，复苏河流，不断推进生态文明建设，满足人民美好生活需要。

6.1.2 对流域防洪的重要性

白洋淀上游河流位于大清河流域上游，大清河是海河流域较大的河系，上游分南北两支。其中北支为白沟河水系，主要支流有小清河、琉璃河、南拒马河、北拒马河、中易水、北易水等，并汇流后由新盖房枢纽经白沟河入白洋淀、经新盖房分洪道和大清河故道入东淀；南支为赵王河水系，由潴龙河（其支流为磁河、沙河等）、唐河、清水河、府河、瀑河、萍河等组成。各河均汇入白洋淀。白洋淀为连接大清河山区与平原的缓洪滞洪、综合利用洼淀。下游接赵王新河、赵王新渠入东淀。东淀下游分别经海河干流和独流减河入海。

对此，在流域防洪方面，根据大清河流域地理位置、气候以及河系等综合情况，可知大清河洪水由暴雨形成，洪水发生的季节以7月、8月最多，7月下旬到8月上旬更为集中，量级最大（即海河流域主汛期"七下八上"）。白洋淀上游河流在大清河上游，河流呈扇形东西向组成，各河流的面积、河长、坡度、流域形状等存在差异，因此在同一场暴雨控制下，各支流洪峰出现的时间往往先后不一，各支流洪峰汇至白洋淀时间存在时差。

因此，对上游河流进行综合治理，通过清除乱占、乱堆、乱建等"四乱"行为，增强河道行洪能力；通过修整河流断面、清淤，扩大过流面积迟滞洪水行进速度，以及通过工程措施控制各河流洪峰时效，减轻白洋淀防洪压力，同时为整个海河流域防洪做出贡献。

6.1.3 对雄安新区建设的重要作用

1. 雄安新区规划和水系概况

按规划雄安新区拟形成"一主、五辅、多节点"的新区城乡空间布局。"一主"即起步区，位于容城、安新两县交界区域作为起步区，也是新区的主城区；"五辅"即雄县、容城、安新县城及寨里、昝岗五个外围组团；"多节点"即若干特色小城镇和美丽乡村。雄安新区属海河流域的大清河水系。区内河渠纵横，水系发育，湖泊广布，河网密度为$0.12\sim0.23\text{km}/\text{km}^2$。白洋淀是华北平原最大的淡水湖泊，是大清河南支缓洪滞涝的天然洼淀，主要调蓄上游河流洪水。白洋淀由 140 多个大小不等的淀泊组成，百亩以上的大淀 99 个，总面积 366km^2，其中有 312km^2 分布于安新县境内。

2. 雄安新区战略位置重要性

2017 年 4 月，中共中央、国务院决定设立河北雄安新区。雄安新区的建立，是深入推进京津冀协同发展做出的一项重大决策部署，是千年大计、国家大事。雄安新区的建立对于集中疏解北京非首都功能，探索人口经济密集地区优化开发新模式，调整优化京津冀城市布局和空间结构，培育创新驱动发展新引擎，具有重大现实意义和深远历史意义。雄安新区建设理念可总结为"世界眼光、国际标准、中国特色、高点定位"，建设绿色生态宜居新城区、创新驱动发展引领区、协调发展示范区、开放发展先行区，努力打造贯彻落实新发展理念的创新发展示范区。

3. 上游河流对雄安新区建设的重要性

建设雄安新区必须对防洪、供水、水生态、水管理有更高的要求。由于雄安新区地处海河流域大清河水系中游，大部分区域位于白洋淀蓄滞洪区内。雄安新区起步区即雄安新区的主城区，更是三面临水，西依萍河、东接白沟河、南临白洋淀，同时区域属暖温带季风型大陆性气候，6—9 月为降雨集中区，占全年总降雨量的 80%。因此汛期做好雄安新区的防洪工作，对打造雄安新区，确保雄安新区安全发展至关重要。为此加强对上游河流综合治理，提高河道行洪能力，加强上游水库、河流综合调度对保障新区防洪安全有着十分必要的作用。

除此以外，保障白洋淀水生态健康，推进雄安新区魅力城市建设也需要对上游河流进行必要的综合治理。建设宜居水环境，不断改善白洋淀、雄安新区生态环境，为改善雄安新区的生态环境，需要部署安排对白洋淀及上游河道开展废弃物处置清除、对入河污水和纳污坑塘进行整治，削减入河入淀污染物负荷等综合治理。

6.1.4 对沿线人民幸福美好生活的重要性

白洋淀上游河流至上游大型山区水库之间，河道干流、支流密集，且多为季节性河流，河流补水主要为上游水库补水，经多年来各级人民政府、水管部门综合治理，上游河流承担着行洪、供水输水以及人文自然景观等功能，对沿河人民实现幸福生活愿望起着举足轻重的作用。

1. 防洪方面

白洋淀上游河流主要流经保定市行政区划。保定市位于河北省中部，地处华北平原的西北腹地、太行山东麓，属大清河流域，东与雄安新区接壤。历史上洪涝灾害频繁，西部山区洪水出山漫堤入市，大暴雨沥涝排水不畅，威胁人民生命财产安。上游骨干河流承担着行洪，保障保定市区人民生命财产安全的重要职责。以及近年来雄安新区的建设加速推进中，加强上游河道综合治理对保障雄安新区战略安全至关重要。如上游河流中白沟河流经涿州市、高碑店市、白沟新城，河流长度 56km，流域面积 2252km^2，上游处于太行山北部暴雨中心区，汛期洪水峰高、量大，洪水出山扩散，流经平原地区受灾面积广；瀑河是徐水区的行洪河道，纵贯徐水中部，因源短坡陡，汛期多灾。白沟河、瀑河等河流流经雄安新区主城区，因此加强对上游河流综合治理，通过疏浚河道、清除违建、清障等以提高河流行洪能力，保障保定市区、雄安新区建设等至关重要。

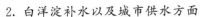

2. 白洋淀补水以及城市供水方面

白洋淀是雄安新区、保定市人民以及整个大清河流域的重要生态功能区之一，同时也是华北平原最大的平原湖泊湿地，维持京津冀地区生态平衡的重要补给地。因此白洋淀水量充沛是白洋淀保持良好生态系统功能是大清河流域、京津冀地区社会经济协调发展，保障人民健康、美好生活的基本保障。而白洋淀入淀河道承载着防向淀区输水的重要任务及河流廊道生态防护功能，同时近年来随着引黄入淀、南水北调补淀深入推进，上游河道承担着为淀区输水、调水通道功能，如上游瀑河，多年来承担着南水北调中线干渠向白洋淀补水的河道功能。保定全域都位于白洋淀上游，上游河流一定程度承担着保定市人民生产、生活用水保障，并为保定渔业、农业发展提供水利资源。如唐河灌区承担着 5.83 万 hm^2 耕地面积，受益总人口 79.2 万人。

3. 经济、文化方面

在经济方面，参照 2018 年数据统计，保定市辖 5 个区、3 个县级市、12 个县、2 个开发区，共有 143 个镇，116 个乡，5159 个村民委员会。常住人口 935.93 万人，2018 年保定市全市生产总值完成 3227.3 亿元。白洋淀上游河流在保定经济发展方面有着至关重要的作用。如府河，自近代以来，曾为保定和天津往来水运通道，促进保定与天津的经济往来，推动社会的发展与繁荣，同时也催生保定近代工业的兴起，也为保定渔业、农业发展提供了水利资源。

在文化方面，上游河流是保定人民休闲娱乐，满足幸福生活的重要场地。河流在城市的发展中，对打造宜居水环境，构建和谐美丽城市，满足人民精神生活需求，推动地区文化发展等方面起着十分重要的作用。打造优美生态环境，构建蓝绿交织、清新明亮、水城共融的生态文明城市，必然要以保护和修复白洋淀生态功能为前提，而白洋淀生态修复同样离不开整个流域的生态环境改善。因此对上游河系的河道开展综合治理及其必要。以拒马河为例，拒马河从涞源发源流经著名的旅游胜地野三坡、十渡，形成一条百里画廊，景区风光秀丽，气候宜人，而且有众多的文物古迹与自然风光，呈现出的人水和谐的秀美画卷，是白洋淀上游水系综合治理和生态修复带来的结果，为旅游业的发展、促进河流文化的发扬起到了推动作用。

6.1.5 白洋淀上游河流管理特殊性分析

白洋淀上游河流从地理位置、水文地质及气候条件、战略要求等各个方面都要求有对其治理管理的特殊性，因此开展对白洋淀上游河流综合治理，需因地制宜编制"一河一策"治理方案，对每条河流明确问题清单、目标清单、任务清单、项目清单、责任清单，以及推进河湖治理的时间阶段、方法措施等，统筹水灾害、水资源、水生态、水环境治理，确保河流发挥综合效益。

1. 管理特殊性分析

上游河流自然条件的特殊性。一方面，在气候方面，白洋淀上游河流地处暖温带半干旱大陆性季风气候区，四季分明，春季干旱多风，夏季炎热多雨，秋季天高气爽，冬季寒冷干燥，年平均气温 7.5～12.7℃。降水量年内分配极不均匀，汛期（6—9 月）一般占年降水量的 70%～80%，降雨在年际间变化较大，自然灾害频发。受自然地理和气候等因素影响，河流皆为季节性河流，丰水及平水年汛期流量大、持续时间长，枯水期流量小，甚至断流。枯水年份部分河流在非汛期即成干涸状态。另一方面，在地质条件方面，整体呈西北向东南倾斜的态势，分西部山区和东部平原区两部分。山区土层覆盖率较低，各支流河道均发源于太行山区，河道源短流急，洪水来势凶猛；下游平原为河流冲击区，土层覆盖率较大，部分河流含沙量较大，如以唐河含沙量最大，多年平均为 $6.6kg/m^3$（中唐梅）；拒马河次之，为 $2.92kg/m^3$（紫荆关）；沙河为 $2.24kg/m^3$（阜平）；南拒马河 $1.87kg/m^3$（北河店）；潴龙河 $1.85kg/m^3$（北郭村）；其他各河基本在 $1.5kg/m^3$ 以下。

2. 战略位置

上游河流承担着流域行洪、供水以及对白洋淀的补水功能，同时因为其独特地理位置，对建设幸福美丽现代化城市也起着重要的自然景观功能。一方面，上游河流承载着防洪行洪、向淀区输水的重要任务及河流廊道生态防护功能。如白洋淀水源主要通过上游河流输入，河流水质影响着白洋淀整体水质、水生态。"不让一滴污水流入白洋淀"，是当下对上游河流治理的一项基本要求；另一方面，雄安新区是国家重点战略规划，白洋淀又是雄安新区的重要生态功能区，上游河流如拒马河、白沟河流经新区主城区，对河流治理，增大行洪效能以及通过综合治理提高河流对城市建设的人文、自然景观效应，都对上游河流综合治理有着独特、更高的要求。

6.2 白洋淀上游河道运行现状

6.2.1 拒马河运行现状

1. 开发管理情况

在防洪方面，2008 年《大清系防洪规划》中关于北拒马河、南拒马河规划为北拒马河一般段规划防洪标准为 5 年一遇，对涿州市区段，按 50 年一遇标准设防；南拒马河规划治理标准为 20 年一遇。2018 年南拒马河防洪治理工程列入雄安新区重点开工建设任务，南拒马河右堤是环起步区高标准"防洪圈"的一部分，参与形成雄安新区起步区 200 年一遇标准防洪圈。

在工程建设方面，南拒马河右堤是雄安新区起步区北部重要的洪水防线，自 2019 年 4 月开始，对拒马河右岸加高加固堤防 19.2km、新建两座引水闸、拆除重建东马营倒虹吸、治理 7 处险工和物联网建设等，当前具备 200 年一遇防洪能力；2021—2022 年完成南拒马河防洪治理工程（容城段）生态堤填筑及道路工程，包括堤顶加宽至生态堤断面、堤顶道路绿化及排水工程、引水闸和倒虹吸进口段防护工程以及相关电气工程。

在河道治理方面，近年来，拒马河实施治理工程建设内容包括主槽扩挖、边坡防护、清淤疏浚等。如拒马河干流南屯大桥至 207 国道，张石高速与中心路交叉口至沿村沟汇合口，涞源县怡然生态园至矿粉源厂加油站段；同时，拒马河平原段发生有违法采砂现象，如北京市房山区大石窝镇与河北省保定市涞水县交界处拒马河段，由于管辖权属问题，带来执法查处困难，导致偷采盗采时有发生，破坏河道走势，影响河道行洪安全。近年来，房山、保定两地水务、公安、环保、国土、属地工作人员持续开展联合执法，清理整治非法采砂加工"钉子"窝点，维护河道秩序稳定。

2. 当前存在问题

拒马河两岸无堤防，在干流上没有控制工程，未进行过系统治理，河道防洪安全受到威胁。主要城镇防洪设施不完善，未形成完整的防洪保护体系，抗御洪水能力低，部分村庄段无法满足 10 年一遇洪水标准，存在较大的安全隐患，一旦失事，将对两岸重要乡镇造成重大损失。北拒马河涞水县段只涉及右岸，无堤防，河道岸坡高陡、稳定性差；北京涿州界—大石桥段河道岸坡高陡、稳定性差，尤其北京涿州界—里池店段采砂坑遍布，局部未采砂段形成高坎，如南水北调倒虹吸穿越段，既影响河道行洪，同时影响工程安全；涿州市区段小水大淹、堤防不达标，标准不足 5 年一遇；梁家场村至北拒马河终点段堤防不达标、岸坡高陡、稳定性差。

6.2.2 潴龙河运行现状

潴龙河右堤为千里堤，自安国军诜至高任公路长 90.6km，其中，安国伍仁桥至安平北郭村西为二级堤防，安平北郭村西至任丘十二孔闸为一级堤防，是大清河系的重要防洪屏障。左堤为次堤，自安国明官店至高任公路为二级堤防，长 70.8km。潴龙河左堤在蠡县北陈村设有陈村分洪道，分洪口门至高阳县城南全长 33km。2014 年完成安国市、博野县、蠡县、高阳县潴龙河治理工程，共计 61.778km，治理标准近期 20 年一遇，相应流量为相应流量为 4200m³/s，远期 50 年一遇，相应流量为 5700m³/s。

潴龙河右堤现状堤身完整，已达 20 年一遇防洪标准，左堤堤身断面单薄，堤顶宽度较窄，道路相交处有多处缺口，堤顶工程不满足 20 年一遇防洪标注。左、右堤河主槽现有多处险工未进行除险加固，影响堤防稳定，现状过流能力 1000～1500m³/s。

6.2.3 孝义河运行现状

现状孝义河两岸分布有断续堤防，部分河段无堤防或堤防不明显。月明河汇入口以上段现状河道宽度为 20～40m，现状两岸部分河段无堤防或堤防不明显，河槽底宽为 10～20m，纵坡为 1/3500～1/3800；月明河汇入口以下段现状河道宽度为 50～80m，现状河道纵坡为 1/2600～1/3000，现状两岸有断续堤防。

近年来，孝义河治理内容如下：安国市孝义河河道综合整治工程，主要建设内容包括河道清淤疏浚、河道岸坡防护、岸顶路建设、阻水桥梁、闸桥及节制闸拆除重建、堤外排水设计等；高阳县城段建设内容主要包括河道清淤、扩挖、堤顶路硬化、拆除重建生产桥。孝义河存在主要问题为：河道未进行统一治理，河道淤积较为严重，过水能力下降。孝义河两岸均为平原，有较大安全隐患，如遇到 10 年一遇以上洪水，河道涨满，平槽行洪，将使两岸遭受重大损失。其中孝义河高阳县段左堤现状堤顶高度、宽度不够，防洪能力不足，一旦遭遇高标准洪水极易发生洪水外溢，堤防溃决等险情，严重威胁高阳县人民的生命财产安全。

6.2.4 唐河运行现状

唐河右堤为主堤，属三级堤防，自郝王力村至东石桥，长度 28.5km，堤顶宽度 4.0～6.0m；左堤为次堤，自望都清苑界至东石桥，长 35.2km，堤顶宽 4.0～6.0m。冉河头村至东石桥村与清水河形成两河三堤。堤距为 600～1200m。新唐河自东石桥至清安界长约 6.3km 段两岸均筑有连续堤防，河道分南北两支，相距 1000～1500m。左堤长约 4.5km，右堤长约 4.2km，堤顶宽度 6.0m，堤顶有硬化路面。2016 年对薛庄南—望都清苑区界河道堤防加高培厚处理；2019 年对唐河京昆高速公路上游附近 7.5km 河段进行治理。

6.2.5 府河运行现状

2012 年以前，府河保定市区段存在垃圾淤积、生活污水排放影响府河水质、水环境情况，2012 年以来，保定市有关部门对流经城南闹市区的府河段开展清淤工程，恢复府河优美水生态环境；府河上建有府河公园，该公园以府河为中轴线，东始于玉兰大街，西止于长城大街，共计长约 1.4km，面积约 18.8 万 m^2（280 多亩）。内有篮球场、排球场、空竹场、码头，绿树成荫，水清见底，是保定市人民生活、休闲的美丽场所；为了确保不让一滴污水入淀，2021 年保定市水利局积极采取有效措施，在府河下游实施了容量近 190万 m^3 府河截洪导排工程，截流洪水。在此基础上，又建设了生态水质净化项目，该项目于 7 月 10 日竣工，并投入试运行。项目总投资约 2200 万元，位于清苑区府河下游木欠庄村，占地约 7 亩，日处理能力达到 15 万 m^3，采用"微滤设备结合高效水质净化剂"技术，相当于为河流安装了一套"旁路滤芯"装置。

6.2.6 漕河运行现状

漕河的右堤为主堤，属于三级堤防；左堤为次堤。右堤从郝王力村延伸至东石桥，全长约 28.5km，堤顶宽度为 4.0～6.0m。左堤从望都清苑界延伸至东石桥，全长约 35.2km，堤顶宽度同样为 4.0～6.0m。漕河的左右堤之间距离变化较大，从 600～1200m不等。冉河头村至东石桥村与清水河形成两河三堤的格局，在这一区域，河流与堤防的布局经过精心规划，以实现最佳的防洪和水资源管理效果。近年来，通过漕河综合治理工程及小河流治理工程完成方上桥至京广铁路桥段通过新建和加固堤防、堤岸险工防护河道已达 20 年一遇洪水标准。

6.2.7 瀑河运行现状

1951 年、1954 年、1957 年徐水县（现徐水区）进行了堤防整修。1959 年，进行了疏浚。使行洪能力达到 140m^3/s。近年来通过中小河流域治理对瀑河石桥村至县界、于庄闸至京广铁路桥段按照 20 年一遇防洪标准通过清淤疏浚，培厚堤防及险工防护等措施进行治理。

瀑河目前为南水北调对白洋淀补水河道。2018 年利用瀑河对白洋淀补水，清理了河道内的违法建筑、垃圾等，对河道内近年挖沙、取土遗留的砂坑进行了平整。2019—2020年，安新县农业农村局组织开展安新县瀑河综合治理工程，治理河段长度为 5.7km，治理的主要内容包括垃圾清理 7250m^3、沿河农村生活污水截污管道敷设共 4140m；新建 3座移动式一体化污水处理站（后接回用水池）。

瀑河为历代的战场，远在战国时期，燕国沿该河筑长城为防线。赵将李牧攻克燕之武遂；东汉耿况于瀑河源之西山破吴耐蠡 10 余营；北宋时期，辽国 9 次南侵，其中 8 次由黑卢堤（易县段）、长城口、遂城侵入，多次在此遭受重创，有着丰富文化底蕴。

6.2.8 萍河运行现状

工程建设方面，萍河左堤防洪治理工程于 2020 年完成，项目建设范围为荣乌高速至徐新公路黑龙口大桥，规划堤线长约 8.1km，堤顶宽 16m，建设内容主要包括堤防加高培厚、堤顶硬化、迎水坡防护、堤身加固处理、绿化种植等。当前堤防满足 200 年一遇洪水标准。

河道治理方面，萍河为有砂河道，部分河段存在取土现象砂坑宽窄、深浅不一，采砂取土后形成的河槽断面不规则，一旦行洪，水流紊乱，容易形成两岸坍塌，存在安全隐患。近年来，徐水区人民政府、保定市水利局联合出动，开展打击非法采砂专项整治行动，维护河道秩序。

6.2.9 白沟河运行现状

2012 年以来，通过中小河流治理及大清河治理工程对白沟河左堤局部段实施了加高加固，右堤未进行治理。2021 年实施过白沟河治理工程（涿州、高碑店、白沟新城段），对左右岸堤防进行加高加固，结合筑堤取料对卡口处进行疏浚。白沟河治理工程完成后左堤满足 100 年一遇洪水，右堤满足 3200m³/s。根据河北雄安新区防洪规划有关要求，白沟河左堤作为雄安新区昝岗组团重要防线，按照 100 年一遇洪水标准进行治理，设计流量4200m³/s，以满足防洪要求。2020 年实施了白沟河河道综合整治工程，主要建设内容包括垃圾清运、平整河槽、底泥修复。2021 年实施了白沟河治理工程（涿州段），主要建设内容包括堤防加高加固；结合筑堤取料对卡口处进行疏浚；建设堤顶道路；拆除重建排涝涵闸、拆除排洪涵闸、新建小营分洪工程；恢复上堤坡道、配置相应堤防管理设施并建设智慧运维管理系统等。

对于白沟河洪水，当前通过新盖房枢纽（大清河水系北支进入白洋淀唯一通道）、白沟河进入白洋淀；白沟河左堤生态防洪堤建设工程已完工，治理标准为 100 年一遇，为Ⅰ级堤防；白沟河右堤自 2020 年以来防洪主体工程已建设完成，具备 200 年一遇防洪标准。

6.3　白洋淀上游河道管理现状

近年来，随着雄安新区建设加速推进，以及贯彻落实新发展理念的要求，地方人民政府会同流域管理机构齐抓共管，兼顾上下游、左右岸，不断凝聚全流域治理强大合力，同时始终坚持问题导向，聚焦短板，全面排查整治上游河流治理问题，勇于改革创新，全面推进白洋淀上游流域综合整治工作。

6.3.1　组织机构建设

一是全面推进河湖长制落实落地，围绕建设"造福人民的幸福河"总目标，持续提升河湖保护治理能力和水平，推动河湖长制从"有名有责"向"有能有效"转变。根据水利部《全面推行河湖长制工作部际联席会议工作规则》《全面推行河湖长制工作部际联席会议办公室工作规则》《河长湖长履职规范（试行）》等文件精神，河北地方人民政府建立省市县乡村五级河长，并公示河湖基本信息、河湖长基本信息、治理目标、河湖问题举报信箱、河湖长制宣传标识、河湖长制宣传标语、河湖示意图、河湖管理范围内禁止行为等信息。首先，完善常态化管理机制，持续加强对河湖监管。以推动河湖"四乱"动态清零为目标，完善常态化管理机制，组织妨碍行洪问题排查整治，强化河湖岸线刚性标准，加大水污染防治力度，巩固提高河湖治理保护成效；其次，持续修复水生态，有效改善水环境。畅通补水通道，持续实施生态补水工作；最后，进一步发挥"河湖长＋检察长"联络室作用，大力推进河湖长制典型示范县建设，探索强化河湖长制典型经验做法，用好媒体监督、群众监督、"民间河长"和第三方评估等力量，营造全社会爱河的护河浓厚氛围。

二是完善管理组织机构，推进河湖管理治理体系现代化。白洋淀上游是雄安新区重要的生态屏障和水源保护地，近年来为持续推进白洋淀上游生态涵养区保护与修复，建设蓝绿交织、清新明亮、水城共融生态城市，河北地方政府不断加强对上游生态、河流治理的组织建设，如成立河北省白洋淀生态修复保护领导小组，进一步加强对上游河流综合治理。2021年河北省白洋淀生态修复保护领导小组制定、印发《白洋淀上游生态涵养区规划》，对白洋淀上游提升水源涵养能力、严格水资源开发利用、有效推进上游水污染防治起到了制度、政策支撑；海河水利委员会等流域管理机构立足支持雄安新区建设，推进流域综合治理，成立系列工作专班，如2020年为贯彻落实习近平总书记关于雄安新区和白洋淀水问题重要批示精神，进一步做好雄安新区防洪、供水和白洋淀生态保护工作，成立海委服务雄安新区规划建设领导小组，主要负责贯彻落实党中央国务院、水利部关于雄安新区规划建设决策部署，协调解决重大问题。

6.3.2 河流管理制度建设

1. 国家法律、法规层面

为了合理开发、利用、节约和保护水资源，防治水害，实现水资源的可持续利用，适应国民经济和社会发展的需要，为防治洪水，防御、减轻洪涝灾害，维护人民的生命和财产安全，保障社会主义现代化建设顺利进行，根据2016年第十二届全国人民代表大会常务委员会第二十一次会议通过《中华人民共和国水法》《中华人民共和国防洪法》；为保护和改善环境，防治水污染，保护水生态，保障饮用水安全，2017年第十二届全国人民代表大会常务委员会第二十八次会议通过《中华人民共和国水污染防治法》等。为加强河道管理，保障防洪安全，发挥江河湖泊的综合效益，根据《中华人民共和国水法》，2018年3月19日《国务院关于修改和废止部分行政法规的决定》第四次修正《中华人民共和国河道管理条例》等。相关法律法规是白洋淀上游河流治理、管理最基本法规支撑。

2. 流域层面

为深入推进海河流域河长制工作，促进解决流域河湖管理保护的突出问题，实现河湖功能永续利用，保障流域经济社会可持续发展，海河水利委员会出台《海委关于全面推行河长制工作方案》；为加快建设和完善水利基础设施，全面提升流域综合管理能力，保障流域及雄安新区水安全，2019年出台《大清河流域综合规划》；为进一步规范水行政执法行为，提升发现和查处水事违法行为的能力和水平，立足流域机构管理职能制定《海委水政监察队伍执法巡查制度》《海委水行政执法办案制度》等制度。

3. 地方政策法规

一是出台河湖保护统筹管理方面政策文件。如河北省出台《河北省河湖保护和治理条例》，并于2020年3月起实施。本条例立足河北省实际，以改善河湖生态环境，恢复河湖生态功能，推进生态文明建设为总体目标，强化河湖管理责任制，同时对河湖长制进行具体进一步明确；保定市出台《保定市河道管理条例》，该条例于2020年7月1日起施行。为加强河道管理提供了有力的法制保障，极大提高了保定市河道管理的法制化水平。

二是在河道治理具体管理方面出台指导性文件，如河北省水利厅出台《河北省河道采砂巡查督导实施办法》《关于进一步压实河道采砂管理责任严厉打击非法采砂的通知》（冀水河湖函〔2020〕122号），涞水县政府明确拒马河、南拒马河河道采砂监管责任人名单并予以公示，为打击河流非法采砂提供政策支撑。

三是在推进白洋淀及上游河流生态恢复方面出台地方法规。如河北省委、省政府正式印发《白洋淀生态环境治理和保护规划（2018—2035年）》。对白洋淀生态空间建设、生态用水保障、流域综合治理、水污染治理、淀区生态修复、生态保护与利用、生态环境管理创新等进行了全面规划；保定市出台《保定市白洋淀上游生态环境保护条例》于2019年7月颁布实施，为加大白洋淀上游生态环境保护工作力度，建立健全长效机制体系，为雄安新区建设提供有力的法治保障。

6.3.3 取得的重要成就

近年来，在各级人民政府、水管单位的齐抓共管下，大清河流域、白洋淀上游河流综合治理取得较大成就，具体表现在防洪、供水、河道治理以及水生态等方面。

一是在防洪方面。一方面，推进防洪工程建设，围绕服务雄安新区建设，加快推进新区防洪基础建设，全面提升水安全保障水平。防洪工程白沟河右堤、南拒马河右堤、萍河左堤、新安北堤起步区段自2020年以来防洪主体工程陆续建设完成，基本具备200年一遇防洪标准。容城组团、安新组团随起步区防洪工程建设同步实现100年一遇防洪标准。另一方面，积极开展防汛工作，河北省统筹上下游相关市县，建立雨水情信息共享、汛情会商研判、预报预警信息推送、协调调度会商、技术职称支持等工作机制，实现洪水防御联防联动。

二是在供水，维护河湖生态方面。制定并落实《白洋淀生态补水工作方案》，建立多水源生态补水机制，通过加大河道治理，以充分利用现有河道和引调水工程，持续为白洋淀水生态补水。如利用南水北调中线一期工程，通过曲逆河支、蒲阳河、瀑河、北易水等退水闸向白洋淀及上游河流实施生态补水。如2017—2022年，保定市不断探索补水机制，统筹利用引江引黄水及本地水库水，在全市范围内系统开展河湖生态补水，6年来累计向白洋淀及上游河道生态补水59.44亿m³，有效改善了白洋淀及上游河道水生态环境；将"不让一滴污水流入白洋淀"这一承诺落到实处。出台落实《白洋淀生态环境治理和保护规划》实施方案及15个配套方案，组建白洋淀上游治理工作专班，实施并完成污水处理厂新建扩容、污水处理厂提标、雨污分流及管网建设、涉水企业深度治理、农村环境综合整治、纳污坑塘及黑臭水体整治、湿地及河道综合整治、农业面源及畜禽污染防治、垃圾集中处理、造林绿化等10大类182个生态治理项目，总投资300余亿元。

三是在河道治理方面。一方面，开展白洋淀流域治理、工业污水达标整治、河流湖库流域综合治理等八大专项行动，开展入淀河流河道综合治理，对府河、孝义河、漕河、潴龙河、瀑河等主要入淀河流开展河道垃圾集中整治专项行动，全面封堵非法入河排污口，对底泥污染严重区域实施清淤工程，有效提升河道水体的自净能力；另一方面，开展河道"四乱"清理，建设健康幸福河湖，2020年加大对8条入淀河道整治力度，整治唐河、孝义河、潴龙河等河道长度280km，持续开展"四乱"清理，清理乱占3.8万m³、垃圾47.9万m³、违建56.2万m³，有效维护上游河道生态空间以及防洪功能。除此以外，在打击河道非法采砂方面取得显著成效，如保定市徐水区人民政府印发《保定市徐水区河道非法采砂专项整治行动工作方案》的通知，自 2021 年以来保定市徐水区水利局，以乡镇为单元，对全区 3 条主要有砂河道（萍河、瀑河、漕河）持续开展排查，逐河逐段明确排查责任人，全面查清非法采砂问题并制定整改措施，维护河道秩序持续稳定。

6.4 白洋淀上游河道治理建议

6.4.1 当前管理存在的问题

1. 体制机制方面

一是河道管理相关部门管理范围、职能划分不够明确，未建立科学完善的河道管理制度，发生问题时，未能及时有效解决，从而使河道管理工作进展缓慢，如河长制与水管单位在联合执法、齐抓共管方面，在对河道执行强有力监管方面存在漏洞与薄弱环节。二是在人员队伍建设环节，存在执法队伍、监管力量不足的情况。如河长制缺少全职工作者，对水利法规缺乏必要的认识，业务能力存在较大短板，未能及时发现、解决河流现存问题，不能将河道问题解决在基层。三是在整个社会公众层面，存在因宣传力度不够，执法力度不够，奖惩措施不足，致使公众对河流保护意识薄弱，或因利益驱使而破坏河道（如违法采砂）。

2. 工程建设方面

部分河道两岸堤防始建标准低，防洪排涝能力不足，主要行洪河道普遍存在堤身断面矮小、高度不足、超高不够、密实度低、堤顶出现塌坑等问题。多数河流在中上游段河道宽浅、水流不稳，单薄的堤身很容易出现堤防决口，总体防洪排涝能力较低。同时平原河道存在淤积现象，河道清淤以及河岸线整体规整力度不够，存在界限不明确等现象。因此需根据雄安新区建设要求、流域防洪规划，加高加强部分河道水利工程建设。

3. 河道监管方面

监管存在薄弱环节。如河道内障碍物阻水严重，"四乱"现象时有发生，河道内存在乱占、乱堆以及违法采砂现象。部分河道内存在一些未经水利部门许可的非法建筑及设施，如房屋、养殖场、加工厂、旅游项目等，违法项目未能及时解决在萌芽阶段；部分河道如拒马河，受市场利益驱使以及河流为季节性河流这一天然特性，违法采砂现象时有发生，破坏河道走势及稳定性。

6.4.2 加强河流管理的建议

1. 深入推进河长制，完善河湖管理法律法规

结合"河长制"工作，充分发挥河长的统筹推进作用，建立责任机制，河道管理责任落实到人，以此强化河道管理工作；明确河道管理目标任务，细化责任清单，建立河长、水管单位、地方政府联合执法监管队伍，加强力量建设，加大河道违法行为的惩戒力度；结合"一河一策""一河一档"的要求，有序开展河道日常管理，以此提高管理效果。各级管理部门要严格落实相关考核制度，加大考核力度，考核结果要与工作经费、人员工资相挂钩。加强管理人员责任感，从而强化管理工作。

2. 推进河道水利工程建设以及河道整治工作

完善水利工程建设，对部分提防进行加高加固，提高工程防洪能力，提高河道两岸工

程建设标准，加强堤防管理；针对河道不同段河床的淤积程度，制定不同的清淤方案，推进平原河道淤积清理力度，提高河流行洪能力；推进河道河岸线治理，明确河流边界。

3. 加大河流日常监管，提高执法力度

强化河道管理工作，尤其是要强化河道管理的日常工作，保证河道的畅通。建立健全河道管理的稽查制度，及时发现及时处理、严厉打击河道乱挖、乱采、乱建的现象，对于危害河道护岸、堤防、涉河工程设施安全的违法事件和行为进行严厉打击，建立与河道管理机构的多部门协作机制，共同开展区域内河道管理工作，强化对卫生保洁、涉河工程设施建筑物、河道水质监测、堤岸绿化的保证工作，保证河道堤防、护岸、涉河工程设施建筑物的安全运行。

参 考 文 献

［1］ 杨建英，张艳，吴海龙，等. 白洋淀入淀河道现状调查及分析［J］. 中国水利，2021（11）：35－37.

［2］ 唐颖. 拒马河生态治理规划的思路与方法［J］. 中国水利，2010（7）：57－59.

［3］ 崔洪波. 拒马河流域径流特征分析［J］. 地下水，2020（4）：151－153.

［4］ 董自刚，李平，张灯林，等. 雄起之城谋安澜［N］. 中国水利报，2021－07－03.

［5］ 李原园，赵钟楠，刘震. 新时代全面提升国家水安全保障能力的战略思路河重要举措［J］. 中国水利，2023（4）：1－5.

［6］ 乔建华. 强化依法治水管水，推进海河治理保护［J］. 海河水利，2023（3）：1－3.

［7］ 张芸. 复苏河湖生态环境实施路径探讨——以白洋淀为例［J］. 海河水利，2023（1）：17－19.

［8］ 刘冰，温雪茹，杨柳. 雄安新区的生态地质环境问题及治理进展［J］. 地下水，2020，42（6）：6.

［9］ 李旭. 府河及孝义河水环境容量与污染负荷削减分配研究［D］. 保定：河北大学，2021.

［10］ 贾龙凤. 保定府河典型污染因子变化规律及水质评价研究［D］. 保定：河北农业大学，2015.

7

白沟河综合治理工程（涿州段）实例

7.1 项目简介

7.1.1 白沟河水系简介

白沟河是大清河水系的主要支流之一，归属我国七大水系之一的海河水系。大清河水系主要由南、北两支组成，其中北支即为白沟河水系，主要由拒马河、小清河、胡良河、琉璃河及白沟河组成。拒马河发源于河北省涞源县西北太行山麓，在北京市房山区十渡镇套港村入市界，流经房山区十渡风景区、张坊镇至涞水铁锁崖，全长 197km，流域面积 5115km²。拒马河在张坊镇张坊村分为南北两支，南支称为南拒马河，向南进入河北省涞水县；北支称为北拒马河，向东流经房山区大石窝镇进入河北省涿州市，沿途穿过永乐铁路桥后在张村处有胡良河汇入，向东流经中央电视台涿州外景基地南侧，在此处与琉璃河、小清河交汇，全长 35km，之后河道转向南流至佟村，佟村以下称为白沟河。琉璃河（大石河）发源于房山区霞云岭乡堂上村西北二黑林山，贯穿区境南北，流经房山区九个乡镇，于琉璃河镇路村出市界，汇入北拒马河，全长 129km，流域面积 1280km²。小清河发源于北京市丰台区王佐镇辛庄村，流经丰台、房山两区的长阳、葫芦岱等 8 个乡镇，于房山区八间房附近出北京市境入河北省涿州市境与北拒马河交汇，河道全长 50km，总流域面积为 405km²。白沟河北起涿州市佟村、任村之间的二龙坑，南流经茨村、望海庄、白马庄、西双铺头等村，进入白沟新城境内，到白沟河大桥止，全长 53km，流域面积 7008.4km²，与南拒马河汇合后至雄县新盖房枢纽灌溉闸，称大清河。

7.1.2 工程简介

作为大清河北支的主要行洪河道之一，白沟河左岸主要防护对象是京九铁路、津保高速公路、华北油田及清北广大区域和天津市，白沟河左堤是重要的防洪安全屏障，按照《河北雄安新区防洪专项规划》，白沟河左堤同时也是雄安新区笤岗组团的重要防线。白沟河涿州段治理工程的实施，完善了防洪体系，保障了雄安新区、公路铁路等基础设施以及下游广大地区的防洪安全，同时也符合《河北雄安新区防洪专项规划》和《海河流域防洪规划》。白沟河治理工程（涿州段）为在建工程，于 2021 年 3 月通过可行性研究报告批复，2021 年 4 月初步设计报告获批，并将于 2023 年年底完工，工程概况如下。

1. 治理范围

白沟河涿州段治理工程治理范围为自冀京界至涿州市与高碑店市交界处，河道主槽长度 25.85km；左堤自古城小捻与永定河右堤交汇处至涿州市与固安县交界，长 19.93km；右堤自小营横堤与幸福渠左堤交汇处至涿州市与高碑店市交界，长 19.0km。白沟河治理工程（涿州段）治理范围见图 7-1。

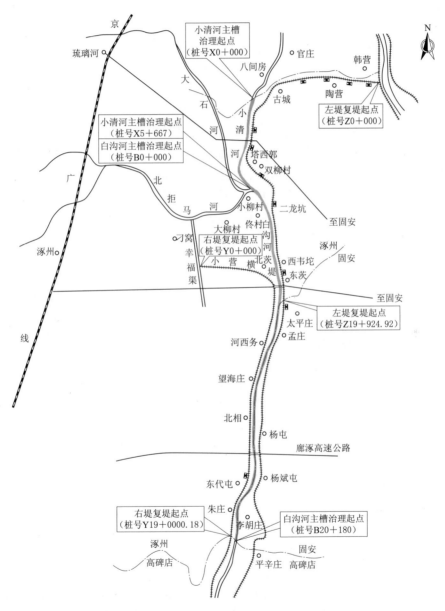

图 7-1 白沟河综合治理工程（涿州段）治理范围示意图

2. 建设内容

主要建设内容包含防洪能力建设、生态功能建设、交通功能建设以及工程信息化建设

71

等四部分。

防洪能力建设主要包括堤防工程、险工段防护、主槽清淤疏浚、排涝分洪建筑拆除重建和新建。其中堤防工程实施主要为堤防加高加固和堤线调整，左堤复堤长度为19.925km，右堤复堤长度为19.000km；险工段整治，共有险工段7处，总整治长度3465m；主槽清淤疏浚，主槽疏浚共清理沙洲8处、总面积1412.33亩，平整河床8处、总面积46.50亩；排涝分洪建筑拆除重建和新建，拆除重建排水涵闸10座，新建分洪口门1处。

生态功能建设主要包括植物种类选择与配置、生态景观地形塑造、河流廊道生态与景观治理。其中植物种类选择与配置，考虑时间序列景观性、经济性、适宜性等，选用黑麦草、早熟禾、食叶草、二月兰、大叶黄杨、速生杨等草本、花卉、灌木、乔木相结合的配置；生态景观地形塑造，主要为河道内外近堤段主槽沙坑平整、生态边坡设计、堤顶生态区结构设计以及滩地平整；河流廊道生态与景观治理，河流廊道景观与生态进行分区治理，临水侧边坡采用黑麦草和早熟禾绿化，滩地绿化采用黑麦草绿化，堤顶道路两侧采用大叶黄杨和二月兰绿化，堤防背水侧采用速生杨防护林防护。

交通功能建设主要包括跨河道路工程、堤顶路工程、上堤路工程。其中跨河道路工程主要为4座跨河桥梁恢复工程；堤顶路工程为便于防汛抢险、交通运输进行的堤顶道路硬化；上堤路工程为越堤道口修建，对穿越河道的道路在越堤时两侧坡道需相应抬高并硬化。

工程信息化建设主要包括规划设计信息化、建设管理信息化、运维管护信息化。其中规划设计信息化主要为基于BIM技术开展规划设计工作；建设管理信息化为依托"河北省水利工程建设监管平台"实现建设期信息化应用；运维管护信息化为构建"项目运维管理信息系统"完成项目运行维护过程中的信息化、数字化管理。

3. 建设标准

依据GB 50201—2014《防洪标准》的规定以及《河北雄安新区防洪专项规划》，白沟河左堤防洪标准为100年一遇，相应设计流量4200m³/s，右堤按设计流量3200m³/s治理；根据《海河流域防洪规划》，小清河分洪区为50年一遇设防标准，小营横堤为小清河分洪区围堤之一，故小营横堤按50年一遇治理；排涝标准为自排10年一遇；白沟河左堤及上延段、古城小埝级别为1级，右岸小营横堤级别为2级，白沟河右堤级别为4级，穿堤建筑物级别不低于所在堤防级别。

7.1.3 工程建设必要性

按照《河北雄安新区防洪专项规划》的要求、大清河流域综合规划的要求、流域经济社会发展的客观要求以及涿州市的城市发展要求，白沟河不仅在区域和流域防洪中承担着重要的作用，同时在生态建设中也扮演着重要角色。而白沟河自从20世纪70年代治理后，再未进行过系统治理，经过近多年的运用，河道主槽存在不同程度淤积，堤防超高不足，滩地上高秆作物和林木阻水，致使河道行洪能力下降，险工险段等问题急待处置，穿堤建筑物年久失修，严重影响河道行洪安全。同时河流廊道生态及景观度差，与涿州市城市发展规划不相匹配。为了完善区域及流域防洪体系、强化防洪安全保障，提高区域和流域生态文明建设，工程项目的建设是很有必要的。

1. 防洪功能建设的必要性

（1）白沟河治理工程的实施是保障雄安新区防洪安全的需要。白沟河左堤是雄安新区昝岗组团洪水防线的重要组成部分，根据《河北雄安新区防洪专项规划》的要求，防洪安全保障措施应遵守分区设防、重点保障原则，并结合新区城镇规模及规划布局。确定起步区防洪标准为 200 年一遇，5 个外围组团防洪标准为 100 年一遇，其他特色小城镇防洪标准原则上为 50 年一遇；综合采用"蓄、疏、固、垫、架"等措施，确保千年大计万无一失。昝岗组团利用新盖房分洪道左堤、白沟河左堤达到 100 年一遇防洪标准。根据《河北雄安新区规划纲要》和《河北雄安新区总体规划（2018—2035 年）》的批复精神和主要内容，雄安新区的规划建设要坚持世界眼光、国际标准、中国特色、高点定位，创造"雄安质量"，成为推动高质量发展的全国样板，打造城市建设的典范。白沟河治理工程的实施，既是践行习近平生态文明思想的体现，又是坚持城、水、林、田、淀、草系统治理理念的具体化。在实现尊重自然、顺应自然、保护自然的前提下，统筹流域防洪与区域防洪，统筹城市建设、滨水空间开发和生态营造，筑牢雄安新区的水安全屏障。

（2）白沟河治理工程的实施是大清河流域防洪安全的需要。白沟河两岸在大清河防洪体系中具有十分重要的地位，右堤是涿州市的重要防线，左堤是大清河中下游分区防守的北部防线组成部分，约束大清河北支洪水与永定河超标准洪水通过白沟河、新盖房分洪道安全进入东淀，是保卫京九铁路、津保高速公路、华北油田和向北京供气供油系统、雄安新区昝岗组团、清北 2900km^2 广大区域、天津市防洪的安全屏障。

（3）白沟河治理工程的实施是自身河道防洪安全的需要。白沟河涿州段自 20 世纪 70 年代按照 20 年一遇治理后，一直未进行过系统治理，经过多年的运用，存在堤身单薄、堤防及险工防护工程质量差、防洪标准低、管理设施落后等问题，不能满足规划要求。古城小埝 4 座穿堤排洪涵闸功能为分洪后期排除小清河分洪区内洪水，本次按原规模复建。由于现状防洪标准低，堤防不达标，堤身质量差等，无法实现《国务院关于海河流域防洪规划的批复》所确定的"构建以河道堤防为基础、大型水库为骨干、蓄滞洪区为依托、工程措施与非工程措施相结合的综合防洪减灾体系"目标。

（4）白沟河治理工程的实施是流域经济社会发展的需要。白沟河左堤防洪保护区涉及保定市涿州市、白沟新城和廊坊市的固安县、永清县、霸州市，以及天津市西青区，总人口 185 万人，耕地面积 180 万亩，国内生产总值达 997 亿元。白沟河右堤防洪保护区涉及河北省涿州市、高碑店市以及定兴县，共计 13 个乡（镇）、220 个村庄、29.52 万人，国内生产总值 94.4 亿元。随着改革开放，保护区经济发展迅猛，涌现了一批诸如白沟经济开发区、霸州工业基地等经济园区。但河道堤防建设并没有跟上经济社会的发展，经济社会的发展反过来从客观上要求加强防洪工程建设，水利工程为经济社会发展提供可靠的防洪保障。

（5）白沟河治理工程的实施是区域排涝的需要。随着经济社会的发展，白沟河河道工程现状与其所承担的区域防洪任务是不相称的，迫切需要对其进行治理。现状白沟河涿州段左右堤中具有排涝功能的建筑物包括了 6 座排涝闸涵，配套建筑物年久失修，无法有效正常运行，一旦发生涝水，排沥不畅极易成灾。且建筑物大部分建于 20 世纪 70 年代或更早时期，使用年限已接近 50 年。为满足地区经济发展及排涝要求，需要对其拆除重建，使区内排沥能力达标，涝水顺利下泄，以保护地区人民生命财产安全。

2. 生态功能建设的必要性

（1）涿州市总体发展的需要。涿州市总体发展目标是以国家低碳生态示范基地为引擎，以现代化新兴产业为龙头，以现代服务业发展为重点，以生态绿道与城乡融合发展为特色的环首都圈南部区域中心城市，河北省城乡一体化示范城市。

（2）涿州市职能定位的需求。涿州市职能定位为环首都圈南部区域中心城市、河北省生态宜居示范城市、冀中战略新兴产业发展示范区、先进制造高地和高端服务基地和京南保北地区物流、商贸中心与京郊农产品供应基地。

（3）涿州市发展结构调整的需要。涿州市远期发展整体结构为，"双心双廊，一城六片"。双心即城市中心与生态绿心；双廊即拒马河生态绿廊和大小清河生态绿廊；一城六片即一个中心城区六个发展片区，包括东仙坡镇都市工业片区、码头镇外包服务与电子生物产业区、义和庄空港产业区、松林店先进制造业产业区、南部现代物流与农业发展区、西部生态旅游发展区。

3. 智慧水利建设的必要性

水利部已将推进智慧水利建设作为推动新阶段水利高质量发展的六条路径之一。近两年，水利部印发了智慧水利建设、数字孪生水利建设的系列文件，明确了推进数字孪生水利建设的时间表、路线图、任务书、责任单。至此，数字孪生水利建设顶层设计业已完成。

当前白沟河数字化智慧化水利建设还存在不全面、不智慧的问题，前端物联感知存在设备老化、手段落后、种类不全等问题。强化白沟河智慧水利建设，能有效提升水事活动效率和效能，提高洪水预报和联合调度准确度，符合水利部和河北省水推进智慧水利建设的相关政策要求。

7.2 工程概况

7.2.1 自然经济概况

工程涉及范围主要为雄安新区和涿州市。

1. 雄安新区概况

雄安新区为河北省管辖的国家级新区，位于河北省中部，地处北京、天津、保定腹地，常住人口为120.54万人。根据《河北雄安新区规划纲要》，新区规划范围包括雄县、容城、安新三县行政辖区（含白洋淀水域），规划面积1770km²，形成"一主、五辅、多节点"的新区城乡空间布局，包括雄县、容城县、安新县三县及周边部分区域，土地利用结构呈"六田、二建、一水、半分林"的特征。

雄安新区境内天然气储量10亿m³以上，天然气1800万m³；境内有油井1200余眼，年产原油30万t；地热田面积320km²，地热水储量821.78亿m³；矿泉水资源总储量4亿m³。蕴藏的地热资源储藏面积达350多km²，储量150多亿t。野生鸟类种类记录合计达254种，其中国家一级重点保护鸟类12种，国家二级重点保护鸟类45种，国家"三有"保护动物和其他级别鸟类197种。粮食作物以冬小麦、夏玉米和水稻为主，经济作物

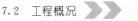

有薯类种植。

雄安新区地区生产总值为 215 亿元，规模以上工业企业 163 家，其中，亿元以上工业企业 30 家，规模以下企业已复产数量为 874 家，法人单位达 1.99 万个，全年在建项目 428 个，其中重点工程项目 100 多个。央企在雄安新区设立分公司、子公司及各类分支机构达 140 余家。交通运输部确定雄安新区为第一批交通强国建设试点地区，并勾划了"四纵三横"高速公路网，"四纵"指的是京港澳高速公路、大广高速公路、京雄高速公路（含新机场北线高速公路支线）和新机场至德州高速公路。"三横"指的是荣乌高速公路新线、津雄高速公路和津石高速公路。

2. 涿州市概况

涿州市地处华北平原西北部，北京西南部，京畿南大门。东临固安，西接涞水，北通北京，南到高碑店，面积 742.5km²，隶属于河北省辖县级市，常住人口 65.52 万人。下辖 15 个乡镇、办事处、开发区，407 个行政村，30 个社区，总人口涿州是中国优秀旅游城市、全国双拥模范城。涿州市境内地形总体特征是西高东低，地势相对平坦。全境地处太行山前倾斜区，由西北向东南倾斜，最高海拔 69.4m，最低海拔 19.8m，地面坡降 1/660 左右。地貌形态受拒马河冲积影响，南北各有二级阶地，高差 2~4m 不等。

涿州市境内沙和砾石的储量丰富，主要分布在冲积扇的山前地段和旧河道，是涿州重要的建筑材料资源。砾石年产量为 12000m³，砂年产量为 230000m³，拒马河河床祖露的河卵石达 1080 万 m³。仅兰家营至展台共计 200km² 的扇形带上，探明砂石料矿产资源储量为 49.13 亿 m³，潜在经济价值 111.7 亿元。市内农作物主要有小麦、玉米、水稻、甘薯、谷黍、豆类、棉花、花生、芝麻、瓜菜等及其他经济作物。耕地面积 60.66 万亩，总人口 69.65 万人，国内生产总值 326.93 亿元，其中，第一产业增加值 20.98 亿元，第二产业增加值 11.61 亿元，第三产业增加值 189.90 亿元，人均地区生产总值为 52842 元。城镇居民人均可支配收入 33071 元，农村居民人均可支配收入 16879 元。

7.2.2 气象水文条件

白沟河流域地处温带半干旱大陆性季风气候区，春季干旱多风沙，夏季炎热多雨，秋季气候凉爽，冬季寒冷少雪，四季分明，冬季盛行北风和西北风，夏季多东南风。气温自西北向东南递减，年均气温差距较大，极端最低气温 −30.6℃，极端最高气温 43.3℃，年平均气温 7.5~12.7℃，年日照时数 2600~2900h，年相对湿度 50%~70%，多年平均水面蒸发 1133~1200mm。流域多年平均年降水量 575.4mm，以 1954 年的 1280mm 为最大。年降水量大部分主要集中在 7 月、8 月，而且常以暴雨形式出现。据统计，汛期（6~9 月）多年平均降水量为 451mm，约占全年降水量的 70%~80%。汛期降水量以 1954 年 930mm 为最大，其次为 1956 年的 780mm 和 1963 年的 740mm。受地形影响，年降水量在地区分布上以太行山迎风坡为高值区，一般在 600~750mm，背风坡降水量较少，一般为 400~500mm。该区域降水量的年际变化大，最大年降水量为年最小降水量的 3~5 倍，其中新盖房站达 7.2 倍。

工程区极端最低气温 −21.1℃，极端最高气温 40.3℃；春夏以偏南风和西北偏西风为主，冬季以西北偏西风为主，多年平均风速 2.1m/s，历史最大风速 23m/s；多年平均无霜冻期 185d，霜冻一般始于 10 月中旬，终于 4 月中旬；最大冻土深度 68cm；多年平均水面蒸发量 1774mm（20cm 蒸发皿）；多年平均日照时数 2690h。

7.2.3 地质情况

工程区位于太行山东麓、冀中平原中部、北拒马河及小清河涿州段，在大清河水系冲积扇上，地貌层属太行山麓平原向冲积平原的过渡带和冲积平原地貌。区内地形平坦，交通便利，总体西北较高，东南略低，海拔标高 15～38m，自然纵坡 1/1000 左右，为缓倾平原，土层深厚，地形开阔，植被覆盖率中等，有多处古河道。根据 DB13（J）/T 48—2005《河北省建筑地基承载力技术规程》中的《河北省工程地质分区图》，工程区为第 Ⅱ 区山前平原区，形成原因为在山前形成冲洪积扇和一系列小型坡洪积扇，这些扇群构成了太行山东麓和燕山南麓微倾斜平原。

根据 GB 18306—2015《中国地震动参数区划图》及 GB 5011—2010《建筑抗震设计规范》（2016 年版）划分，工程区 Ⅱ 类场地的基本地震动峰值加速度为 0.15g，地震动加速度反应谱特征周期为 0.40s，对应地震烈度为 Ⅶ 度，设计地震二组。由区域地质资料可知场地覆盖层厚度大于 50m，场地类别属 Ⅲ 类场地，地震动峰值加速度调整为 0.1725g，反应谱特征周期调整为 0.55s。

工程区所处的构造层为：一级构造层中朝准地台（I_2）、二级构造层华北断凹（II_2^4）、三级构造层冀中台陷（III_2^{12}）、四级构造层大兴断凸（IV_2^{35}），见图 7-2。

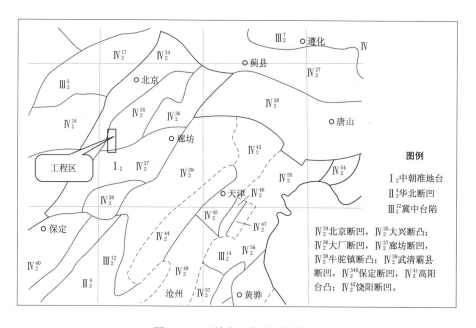

图 7-2 区域大地构造层划分图

工程区在区域构造上处在华北地台东部平原，境内二级构造层有固安凹陷和牛坨凸起，进入新生代后整个华北平原以下降为主，沉积了第三系和第四系的地层。周边区域断裂构造主要包括：紫荆关—灵山深断裂、定兴—石家庄深断裂、固安—昌黎大断裂、怀柔—涞水深断裂、徐水南断裂、涞水断裂、容东断裂、涿县断裂，往东与牛东断裂交汇，上述断裂构造第四纪以来活动性微弱。其中距离工程区最近的有 5 条区域性隐伏断裂：近东西向的徐水南断裂、涞水断裂和近南北向的容东断裂、牛东断裂、涿县断裂。区域内主要断裂构造为涿县断裂带，该断裂位于涿州市中部、东部，穿越白沟河左堤西苇坨村段、小营横堤段，该断裂为正断裂，总体走向北东 70°～90°，倾向南东，倾角 70°左右。该断裂隐伏于第四系冲洪积物之下，对工程影响不大。

7.2.4 工程现状及存在问题

白沟河现状存在的问题是防洪能力不满足雄安新区和流域防洪规划要求，生态功能不满足沿岸行政区域发展和幸福河湖的要求，信息化建设不满足智慧水利运行管理的要求。现状工程存在堤身单薄，堤顶欠高，交叉建筑物失能，堤顶道路标准低，生态系统脆弱，生态景观性差，与雄安新区以及防护区的建设需求相差较远。主要问题及现状如下。

1. 现状防洪标准不足

现状白沟河左堤及其上延段、古城小埝不满足防御 100 年一遇洪水要求，右堤无法达到白沟河防御设计流量 3200m³/s 的要求，小营横堤无法达到小清河分洪区 50 年一遇防洪标准。各段堤防堤身单薄、超高不足，建设年代较高，建设时填筑压实要求较低，无法满足一级堤防要求。险工存在不同程度的护砌年久失修，砌石错乱、坍塌的现象。

2. 建筑物年久失修

本次治理范围内的 10 座交叉建筑物建设年代均在 20 世纪 70—80 年代，经多年运行，多次维修加固，现状建筑物结构严重损坏，启闭机缺失，已经无法满足挡洪排涝排洪的要求。

3. 河槽不规整

白沟沿河主槽多处采砂坑和河心沙洲无序分布，造成河道断面极不规则，局部采砂严重的采砂坑深度 3～12m，主槽现状开口宽度 13～214m，主槽外侧滩地现状大部分为农田。受采砂影响主槽最深处近 10m，影响河道行洪安全。

4. 堤防管理设施不足、未设置管理范围

管理机构缺少足够的管理设施，办公条件和生活设施极其简陋，现有房屋多是 20 世纪 60—70 年代所建，缺乏必要的修缮，基本没有配备观测设备。各段堤防堤顶道路基本为土堤，防汛期间泥泞不堪，无法满足防汛要求。堤防管理范围未按规范规定设置，致使侵占现象普遍存在，严重影响堤防工程安全。

5. 生态系统脆弱，生态景观性差

白沟河为间歇性季节河流，除汛期外基本无水，现状河道存在断流干涸、生境呈破碎化。由于无序开挖取土等历史原因，白沟河堤防内、外侧现状均有近堤大坑，堤顶、临水侧边坡、背水侧边坡、滩地及河槽等存在建筑生活垃圾、植被覆盖率低、泥沙淤积等多种问题，严重影响了河流廊道景观与生态性。

6. 智慧水利建设落后

白沟河数字化智慧化水利建设还存在不全面、不智慧的问题，前端物联感知存在设备老化、手段落后、种类不全等问题。网络通信不畅，数据资源分散无法有效共享，现有业务应用系统不全面，距离数字水利的提升水事活动效率和效能的要求还存在一定差距。网络安全存在隐患，基础运行环境整体较为落后，在洪水预报和联合调度等方面有所欠缺。

7.2.5　白沟河治理规划

1. 治理理念

为贯彻落实习近平总书记"节水优先、空间均衡、系统治理、两手发力"治水思路，按照水利部新时期中小河流整河流规划、系统治理的指导思想，以河流为单元，统筹上下游、左右岸、干支流，因地制宜对白沟河进行系统治理。

以河流功能理论为指导，结合流域人口、产业、基础设施等分布，对白沟河防洪安全功能、生态服务功能、资源利用功能、社会服务功能等进行综合分析，并对其各功能存在的主要问题进行诊断。因白沟河防护对象的重要性，且防洪功能薄弱，确定本次治理中以防洪安全为主导功能进行治理，兼顾生态功能、交通功能，并坚持数字赋能，智慧管理，在治理全过程中实施信息化管理。

白沟河综合治理中遵循防洪安全、生态系统功能强化、景观效果优化提升、智慧管理能力建设相结合的新理念（图7-3）。在确保防洪安全的前提下，恢复河流的自净能力和自我修复能力，提高河流生境多样性和生物多样性水平，优化生产生活所需的交通功能，实现数字化智慧化管理功能，构建一条安全稳固、生态健康、亲水良好、景观优美、交通便利、数字智慧的多功能河流。

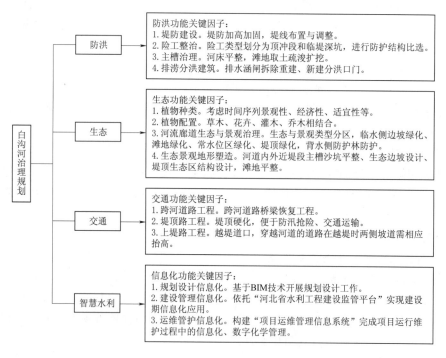

图7-3　白沟河治理理念框架图

2. 治理规划

（1）防洪规划。防洪功能规划主要为对白沟河涿州段左右堤、左堤上延段、小营横堤以及河道主槽进行治理，落实《河北雄安新区规划纲要》《海河流域防洪规划》等要求，完善白沟河在雄安新区和大清河流域防洪体系的作用，重点通过主槽疏浚扩挖、堤防加高

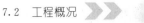

加固、险工段整治、穿堤建筑物拆除重建、新建分洪口门、整修防汛道路和管理设施建设等，使白沟河达到雄安新区建设和流域防洪规划所确定的设防标准和行洪能力要求。

（2）生态规划。生态功能规划主要理念是在满足行洪安全的基础上，融生态功能于建设项目的规划设计、施工、管护运行等全寿命周期，考虑永久建筑、临时建筑的生态性，结合防洪工程、交通工程、管理用房及水土保持等多种措施进行生态功能规划。

规划思路为：堤顶交通道路两侧各绿化带，以草本植物及灌木植物为主进行绿化；堤防临水侧考虑不冲不淤流速，按照近岸流速 1.0m/s 为分界值，流速小于 1.0m/s 的堤段和大于等于 1.0m/s 的堤段分别采用不同的护坡型式，根据护坡型式进行植草绿化；河槽滩地现状为高秆作物、建筑垃圾及杂草为主，在保证行洪安全进行清淤平整的基础上，以降低糙率为主，考虑低矮作物进行绿化；险工段，考虑堤防不均匀沉降采用柔性防护结构型式，并在坡面进行植草绿化减少边坡冲刷问题；管理区内建筑物周边以绿化为主，在人员聚集场所或活动场地辅以硬质铺装，满足功能及景观需要；水土保持中，工程项目区根据地貌类型、工程特性、施工特点划分 6 个一级分区，包括主槽疏浚区、堤防工程区、取土场、施工临时道路区、施工生产生活区和临时堆土区，针对不同分区确定不同的生态保护措施。

（3）交通规划。交通功能规划主要理念是在满足行洪安全的基础上，考虑防汛、交通等需求进行交通功能规划。考虑保护堤顶，便于防汛抢险交通运输，复堤后对堤顶进行硬化加固处理，堤顶路面参照四级公路双车道设计；针对原有越堤道路，堤防加高后，穿越河道的道路在越堤时两侧坡道进行相应抬高，并对原硬化路面进行修复，便于防洪抢险交通运输和群众生活；针对原有跨河道路及穿堤道路，拆除后进行重建，根据桥址处堤顶高程，结合地形、地貌、地质条件、水文资料，并考虑施工方法简单快捷及施工组织设计、工程造价合理性等多方面因素确定交通桥桥面高程及结构形式；因工程建设需拆除旧桥及道路，给沿线车辆通行造成干扰的规划修建临时交通道路，以满足生产生活需求。

（4）智慧水利规划。白沟河智慧水利建设，按照"需求引领、应用至上"的总要求，加强水安全感知能力建设，加快水利数字化转型，着力构建数字化、网络化、智能化融合发展的智慧水利体系。主要包括如下措施。①补充完善水利基础感知网。通过构建堤防（含建筑物）安全监测系统和闸门监控系统，进行水位、雨量、流量等多要素感知建设，提升洪水预报和管理能力，加快完善防汛抢险管理、决策调度、防洪工程安全监测系统和信息采集体系。②完善数据与应用服务中心建设。通过机房及中控室、通信传输、检测中心等建设，解决当前水利信息资源开发管理分散、基础数据存储零乱、应用服务适用性单一、难以共享等问题，构建白沟河水利数据中心，实现信息和数据集中存储、统一管理、安全可靠、充分共享、全面服务的目的。③健全数字水利安全保障体系。通过规划实施安全体系建设、内控管理信息平台建设，确保控制网、管理网与外网之间的数据安全，完善网络安全体系和运维保障体系，形成立体化安全防护，确保白沟河数字水利建设安全稳定、可持续发展。

3. 主要依据

（1）依据的主要文件：

1）《河北雄安新区规划纲要》，中共河北省委，河北省人民政府，2018 年 4 月。

2）《河北雄安新区总体规划》（2018—2035 年）。

3）《海河流域防洪规划》及附件《大清河系防洪规划》（国函〔2008〕11 号）。

4）《国务院关于河北雄安新区总体规划（2018—2035 年）的批复》（2018 年）。

5）《河北雄安新区防洪专项规划》（中共河北省委）。

6）本次初步设计测量地形图（1/2000）。

7）白沟河治理工程（涿州段）勘察设计合同。

8）《关于对白沟河治理工程（涿州段）可行性研究报告的审查意见》（河北省水利厅，冀水规计〔2020〕11 号）。

9）白沟河治理工程（涿州段）初步设计报告。

10）关于白沟河治理工程（涿州段）初步设计报告的批复（冀水审〔2021〕2926 号）。

（2）遵循的主要规程、规范：

1）GB 50201—2014《防洪标准》。

2）SL 252—2017《水利水电工程等级划分及洪水标准》。

3）SL 619—2013《水利水电工程初步设计报告编制规程》。

4）GB 50286—2013《堤防工程设计规范》。

5）GB 50007—2011《建筑地基基础设计规范》。

6）SL 744—2016《水工建筑物荷载设计规范》。

7）SL 191—2008《水工混凝土结构设计规范》。

8）SL 211—2006《水工建筑物抗冰冻设计规范》。

9）SL 379—2007《水工挡土墙设计规范》。

10）SL 265—2016《水闸工程设计规范》。

11）GB 50288—2018《灌溉与排水工程设计标准》。

12）GB 51247—2018《水工建筑物抗震设计标准》。

7.3 防洪能力建设

7.3.1 历史洪涝灾害

据史料记载，白沟河所属的大清河流域洪涝灾害频繁，是海河流域历史上洪水泛滥较严重的河系。中华人民共和国成立后影响范围广、损失大的有 1956 年、1963 年洪水，而 1996 年、2012 年流域内也发生了不同程度较大洪水，具体情况如下。

1. 1956 年洪水

1956 年 7 月底至 8 月初海河流域发生了强度大、分布范围广的大暴雨，在实测资料中仅次于 1963 年 8 月的大暴雨，居中华人民共和国成立后的第二位。这场洪水暴雨中心分布零散，7d 暴雨量在 400mm 以上的暴雨中心多达 14 个，30d 洪水总量 200.7 亿 m³，大清河北支白沟站洪峰流量 2990m³/s，除有计划分洪外，仍有多处决口漫溢，大清河水系决口达 31 处。其中白沟河 8 月 5 日在右堤高碑店境内的西孟良营村南、东务村南和田宜屯等多处扒堤分洪入兰沟洼。

2. 1963 年洪水

1963 年 8 月上旬发生了中华人民共和国成立以来海河流域最大洪水，暴雨中心位于河北省内丘县獐么一带，最大 7d 暴雨量达 2050mm。大清河系司仓是仅次于獐么的海河流域第二大暴雨中心，司仓最大 3d 降雨 1130mm，最大 7d 降雨 1303mm。大清河系各河洪水猛涨，虽经上游大型水库调蓄，但由于洪水峰高量大，各水库相继泄洪，白沟站洪峰流量达 3540m³/s，加上平原地区涝水，各河中下游堤防相继溃决，其中白沟河于 8 月 9 日扒开东务、田宜屯的右堤堤防及涿州市的小营横堤分洪入兰沟洼。

3. 1996 年洪水

"96·8"洪水是继 1963 年洪水后发生的又一次较大洪水。8 月 2—4 日受 8 号台风影响，大清河流域普降暴雨、大暴雨，暴雨中心位于北支的安各庄，暴雨中心最大 1 日降雨量 230mm，次最大降雨量 320mm。8 月 7 日 1 时白沟河东茨村最大洪峰 896m³/s，8 月 5 日 20 时南拒马河北河店最大洪峰 1230m³/s，新盖房分洪道溢流堰于 8 月 5 日 17 时 40 分开始溢流分洪，6 日 20 时通过新盖房枢纽下泄最大洪峰 1100m³/s。北支洪水仅相当于 5 年一遇，即造成涿州市进水。

4. 2012 年洪水

受冷空气和副高外围暖湿气流共同影响，2012 年 7 月 21—22 日河北省发生海河流域"96·8"以来最大一次暴雨洪水过程。保定北部、廊坊北部、承德南部、唐山北部降特大暴雨，暴雨中心最大雨量王安镇 349mm（最大 6h 降雨量 274.6mm，约为 200 年一遇）。暴雨引发大清河、北三河、滦河水系部分河道发生较大洪水，大清河系拒马河紫荆关水文站洪峰流量 2580m³/s，达 20 年一遇。

白沟河东茨村水文站 21 日 23 时开始起涨，22 日 22 时出现洪峰流量 404m³/s；下游新盖房水文站 23 日 15 时 35 分开始见水，白沟河闸 24 日 13 时 30 分出现 217m³/s 的最大流量，白沟河东茨村以上产水量 0.65 亿 m³。

5. 2023 年洪水

2023 年 7—8 月，受 2305 号台风"杜苏芮"减弱低压环流和冷空气的共同影响，海河流域发生了"23·7"流域性特大洪水，包括大清河在内的多个水系的多条河流发生超警戒、超保证洪水，先后启用 8 个蓄滞洪区分洪。7 月 28 日开始，海河流域普降大到暴雨、局地特大暴雨。拒马河张坊站水位 7 月 30 日 16 时 30 分迅速起涨，于 18 时达到 105.10m，超过警戒水位，31 日 10 时达到 106.21m，超过保证水位；洪水流量在 7 月 31 日 22 时上涨至 6200m³/s，接近 20 年一遇，对应水位达到 109.28m。拒马河在落宝滩处分为北拒马和南拒马河。北拒马河纳小清河、大石河等洪水入白沟河，由东茨村站控制，该站自 7 月 31 日 2 时迅速起涨，至 8 月 1 日 1 时，洪水流量达到 1550m³/s，对应水位 27.15m；10 时，洪水流量达到 1950m³/s，洪峰水位 29.14m，超过 10 年一遇，对应水位 28.00m；22 时，洪水流量 2720m³/s，是白沟河东茨村站本次洪水期间的最大流量，超过 20 年一遇。白沟河 2023 年洪涝灾害现状见图 7-4。

7.3.2 白沟河治理沿革

1. 白沟河水系治理规划沿革

大清河防洪体系是中华人民共和国成立后逐步建立的。1952 年河北省水利厅提出了

图 7-4　白沟河 2023 年洪涝灾害现状图

《大清河流域规划草案》，20 世纪 50 年代初期进行了第一次大规模治理，在河系下游首次开辟了大清河入海通道独流减河，设计行洪能力 1020m³/s，白洋淀下口开挖了赵王新河，设计行洪能力 2000m³/s，白沟河下口新辟了新盖房分洪道，设计行洪能力 2000m³/s。

"63·8"洪水过后，1966 年 11 月，水电部海河勘测设计院编制了《海河流域防洪规划报告》。1968 年 8 月，河北省根治海河指挥部编制了《大清河流域规划轮廓初稿》。按照上述规划安排，于 20 世纪 60 年代末及 70 年代初重点对大清河系中下游进行了第二次大规模治理，并对上游大中型水库进行了续建、扩建，基本上形成了"上蓄、中疏、下排、适当地滞"的防洪工程总布局。大清河北支对南拒马河、白沟河按 10~20 年一遇标准进行了扩大治理，南拒马河设计流量 4640m³/s，白沟河 3000m³/s；兴建了新盖房枢纽，新辟了行洪能力为 500m³/s 的白沟河，并对新盖房分洪道按 5000m³/s 进行了扩建；当白沟站流量超过新盖房分洪道泄洪能力，或者南拒马河及白沟河遇超标准洪水时，向兰沟洼分洪。白沟河现状堤防就是这一时期形成的。

1970 年根治海河时曾对白沟河按 3000m³/s 进行过不同程度的整治，由于投资限制，左堤超高仅 1.0m，右堤超高 0.5m。1993—2009 年陆续对河道险工及穿堤建筑物进行了加固治理。

　　2. 白沟河防洪工程建设沿革

白沟河是大清河北支主要天然行洪河道，河底纵坡约为 1/4000，河床为沙质及粉沙质。白沟河在涿州境内东茨村北至平辛庄河道长约 15km，茨村大桥以下河段基本以河道主槽中心线为界，右岸为涿州市，左岸为廊坊市固安县。

1970 年根治海河时曾对白沟河按 3000m³/s 进行过不同程度的整治，由于投资限制，左堤超高仅 1.0m，右堤超高 0.5m。为防止永定河超标准洪水向小清河分洪后扩大灾情，水电部根据国务院办公厅 1983 年 4 月转发的《水电部关于做好永定河防汛工作的报告的通知》精神和水电部转发的《关于落实小清河度汛措施会议纪要》的要求，同意将白沟河左堤从二龙坑起向上延伸，并与永定河右堤相接，全长 14.7km。该工程于 1983 年完成白沟河上延段加固，1987 年完成古城小埝段加固。工程完成后，永定河分洪水及小清河、大石河等各河来水，均由白沟河承泄。1992—1993 年结合水利部海河水利委员会对白沟河治理规划，河北省成立了白沟河清障领导小组，对白沟河部分河段进行了河道清障。

1993—2009年陆续对河道险工及穿堤建筑物进行了加固治理。2011年后又陆续安排了资金对白沟河实施了险工治理、穿堤建筑物加固等工程。

7.3.3 白沟河防洪现状

1. 堤防现状

白沟河现状堤防堤身普遍单薄，加之风蚀水蚀、堤顶沉降坍塌，超高不够。白沟河在1970年施工时堤身填筑质量不密实，抗冲刷、抗风蚀能力较差。白沟河本次治理段堤身与堤基全部为砂性土，个别堤段存在渗透破坏的潜在危险。

白沟河涿州段河道内堤肩间距为280～1914m，最窄处仅280m，为东茨村段，长度约250m；其次河西务段内堤距仅370m，长度约450m；东代屯村以下河段内堤肩间距陡然增加至1.5～1.9km。跨越该段河道桥梁有廊涿高速桥和371省道茨村大桥。白沟河涿州段滩槽明显，深槽宽度为13～214m，主槽内偶有采砂坑。由于多年未行洪，廊涿高速桥上下游各有一处埋涵耕作路横跨主槽；白沟河进入小清河分洪后有3座生产桥跨越主槽。滩地分布有耕地，种植作物主要为小麦、玉米。

本次治理的白沟河右堤现状堤防连续，堤身完整，堤顶未硬化，大部分堤段堤顶宽度为4.21～9.52m，堤身高度为1.37～5.50m，堤防内外边坡坡比在1:1.3～1:4.3，堤防两侧堤坡树木密布，以杨树为主，见图7-5。

本次治理的白沟河左堤现状堤防连续，堤身完整，堤顶未硬化，大部分堤段堤顶宽度为4.79～14.60m，堤身高度为2.24～7.87m，堤防内外边坡坡比为1:1.3～1:5.6。堤防两侧堤坡树木密布，以杨树为主，见图7-6。

图7-5 右堤工程现状图

图7-6 左堤工程现状图

本次治理段堤顶道路基本未硬化，汛期堤顶泥泞难行，交通运输困难，给防汛抢险造成很大压力（见图7-7），相关管理部门反映堤顶未硬化是管理工作最大问题，要求实施硬化工程，同时堤防硬化也是保护砂性土堤重要措施。

2. 排洪排涝涵闸现状

本次涉及各种穿堤建筑物10座，其中位于白沟河两岸堤防的涵闸共计6座，位于古城小埝的涵闸共计4座。这10座涵闸年久失修、隐患严重，各类小型闸和穿堤涵管不能正常运行并严重危及大堤安全。

位于白沟河右堤涵闸 1 座，为东代屯排水涵闸。该闸位于白沟河右堤，设计桩号 Y14+926。始建于清代，原系两孔旧砖闸，1960 年重建 3 孔拱涵式闸，每孔净宽 2.5m，为泄水通畅，于 1964 年又增建 3 孔，设计流量达 64m³/s。因年久失修，闸门尽废，原有功能已失，已多年未正常运行。

位于白沟河左堤的涵闸共计 5 座，其工程现状分述如下：

东茨村排水涵闸：该闸位于白沟河左堤，设计桩号 Z18+684。始建于 1964 年，为钢筋混凝土方涵式单孔闸涵，宽高均为 1.4m。目前闸门已损坏，涵洞堵塞严重，基本丧失排涝挡洪功能，见图 7-8。

图 7-7　堤顶路工程现状图

图 7-8　东茨村排水涵闸现状图

二龙坑排水涵闸：该闸位于白沟河左堤，设计桩号 Z14+687。始建于 1984 年，为两孔钢筋混凝土方涵，孔宽 2m，设计流量达 7.6m³/s。目前闸门已损坏，涵洞堵塞，已丧失排涝挡洪功能，见图 7-9。

双柳树涵闸：该闸位于白沟河左堤上延段，设计桩号 Z13+039。始建于 1984 年，为一孔直径 0.8m 钢筋混凝土管涵。目前涵洞堵塞，已丧失排涝功能，见图 7-10。

图 7-9　二龙坑排水涵闸现状图

图 7-10　双柳树涵闸背水侧现状图

塔西郭排水涵闸：该闸位于白沟河左堤上延段，设计桩号 Z10＋079。始建于 1984 年，为单孔钢筋混凝土方涵，孔宽 2m，设计流量达 $4.00\text{m}^3/\text{s}$。目前闸门已损坏，涵洞堵塞，已丧失排涝挡洪功能，见图 7-11、图 7-12。

图 7-11　塔西郭排水涵闸背水侧现状图　　　图 7-12　塔西郭排水涵闸迎水侧现状图

刘园子排水涵闸：该闸位于白沟河左堤上延段，设计桩号 Z9＋317。始建于 1984 年，为单孔钢筋混凝土方涵，孔宽 2m，设计流量达 $4.5\text{m}^3/\text{s}$。目前闸门已损坏，涵洞堵塞，已丧失排涝挡洪功能，见图 7-13、图 7-14。

图 7-13　刘园子排水涵闸背水侧现状图　　　图 7-14　刘园子排水涵闸迎水侧现状图

古城小埝穿堤建筑物情况：古城小埝现有穿堤建筑物 4 座，分别为韩营排洪涵闸、陶营排洪涵闸、大兴庄排洪涵闸和四柳村排洪涵闸。4 座排洪涵闸主要工程任务为在小清河分洪区启用后期排除古城小埝内村庄和耕地积水，不承担一般年份的排沥任务。这 4 座建筑物为 1987 年古城小埝加固时修建，目前启闭机、闸门已损毁严重，功能尽失，见图 7-15。

3. 险工现状

白沟河涿州段主槽蜿蜒曲折，个别河段贴近堤身，堤外紧邻村庄，加之堤身、堤基多为粉质砂壤土，土质较差，行洪时直接淘刷堤防的坡脚和坡面，易造成大堤坍塌，威胁大堤安全。根据河道管理部门提供的资料及进一步现场复核，本次治理范围内有险工段 7 处，总长 3465m。其中位于左堤的险工 3 处，总长度 1910m，分别是塔西郭险工、二龙坑

（a）大兴庄排洪涵闸背水侧

（b）韩营排洪涵闸迎水侧

（c）四柳村排洪涵闸背水侧

（d）陶营排洪涵闸迎水侧

图 7-15　古城小埝穿堤建筑物现状图

险工、西苇坨险工；位于右堤的险工 4 处，总长度 1655m，分别是东茨险工、望海庄北险工、望海庄险工、朱庄险工。见图 7-16～图 7-22。

图 7-16　塔西郭险工现状图

图 7-17　二龙坑险工现状图

图 7-18 西苇坨险工现状图

图 7-19 东茨险工现状图

图 7-20 望海庄北险工现状图

图 7-21 望海庄险工现状图

塔西郭险工现由 8 座土心石丁坝组成，背水侧紧临塔西郭村；二龙坑险工现有 1 座土心石丁坝，背水侧为农田；西苇坨险工现由干砌石护坡加短丁坝组成，防护长度 449m，背水侧紧临西苇坨村；东茨险工现状为干砌石护坡，防护长度 553m，该堤段现有东茨水文站，亦为白沟河最窄堤段。

图 7-22 朱庄险工现状图

7.3.4 白沟河防洪能力治理

1. 治理范围和建设内容

（1）治理范围。

根据白沟河涿州段现状存在的堤防防洪标准低、交叉建筑物损坏严重等问题，本次治理范围包括：

主槽部分：主槽治理长度 25.85km，其中小清河 5.67km、白沟河 20.18km，治理起点位于小清河冀京界，治理终点为白沟河涿州市与高碑店市交界处。

左堤部分：复堤长度 19.93km，治理起点为古城小埝与永定河右堤交汇处，治理终点为涿州市与固安县交界，包括古城小埝 5.96km、白沟河左堤上延段 8.74km、白沟河左堤 5.23km。

右堤部分：复堤长度 19.00km，治理起点为小营横堤与幸福渠左堤交汇处，治理终点为涿州市与高碑店市交界，包括小营横堤段 4.55km、白沟河右堤段 14.45km。

（2）工程建设内容。

右堤复堤工程：长度 19.00km，起点为小营横堤与幸福渠左堤交汇处，终点为右堤涿州与高碑店交界，包括小营横堤 4.55km、白沟河右堤 14.45km。

左堤复堤工程：长度 19.93km，起点为永定河右堤与古城小埝交汇处，终点为左堤涿州与固安交界，包括古城小埝 5.96km、小清河左堤 8.75km、白沟河左堤 5.22km。

险工工程：左堤维修加固加高险工 5 处，右堤拆除重建险工 2 处。

建筑物：拆除重建穿堤建筑物 6 座，其中右堤 1 座、左堤 5 座；拆除古城小埝穿堤建筑物 4 座；小营横堤新建分洪口门 1 座；改建漫水桥 4 座。

主槽疏浚工程：主槽疏浚共清理沙洲 8 处，其中小清河 2 处、白沟河 6 处，总面积 1412.33 亩；平整河床 8 处、总面积 46.50 亩。

2. 工程规模和标准

（1）工程规模。

通过本次治理对白沟河右堤堤防加高加固以及交叉建筑拆除重建等后，可保证其河道行洪能力达到设计标准，相应设计流量为 3200m³/s；通过对小营横堤堤防加高加固等结合新建分洪口门后，达到防御 50 年一遇洪水要求；遇 100 年一遇洪水时，结合小清河滞洪调蓄以及小营横堤扒口分洪，白沟河承泄 4200m³/s 可保白沟河左堤、上延段以及古城小埝行洪安全。

本工程左岸堤防为 Ⅰ 等工程，左岸堤防工程防洪标准确定为 100 年一遇；右岸堤防为 Ⅲ 等工程，右岸堤防工程防洪标准确定为 50 年一遇。依据 GB 50286—2013《堤防工程设计规范》，白沟河左岸堤防工程级别为 1 级；右岸小营横堤段堤防工程级别为 2 级，白沟河右岸堤防工程级别为 4 级；交叉建筑物与堤防工程级别相同。

（2）治理标准。

防洪标准：白沟河左堤及其上延段、古城小埝防洪保护区范围为清北广大地区，涉及保定市涿州市、白沟新城和廊坊市的固安县、永清县、霸州市，以及天津市西青区。防洪保护区范围共计 2994km²，其中河北省部分 2833km²，天津市部分 161km²。保护区还包括京九铁路、津保高速公路、华北油田和向北京供气供油系统等重要的基础设施。《河北雄安新区规划纲要》规划的"一主、五辅、多节点"的新区城乡空间布局中"五辅"之一昝岗组团亦处于防洪保护区。根据有关统计资料，保护区现状总人口 185 万人，耕地面积 180 万亩，国内生产总值达 997 亿元。依据 GB 50201—2014《防洪标准》的规定以及批复的《河北雄安新区防洪专项规划》，白沟河左堤防洪标准为 100 年一遇。

白沟河右堤防洪保护区涉及河北省涿州市、高碑店市以及定兴县，共计 13 个乡（镇）、220 个村庄、29.52 万人，国内生产总值 94.4 亿元。根据《海河流域防洪规划》，白沟河设计流量为 3200m³/s，白沟河右堤按此规模治理。根据《海河流域防洪规划》，小清河分洪区为 50 年一遇设防标准，小营横堤为小清河分洪区围堤之一，故小营横堤按 50 年一遇治理。

排涝标准：白沟河左右岸现状建筑物主要功能为排涝，本次设计结合现有建筑物布置、结构的安全性及合理性以及相关规划要求综合确定排涝标准为自排 10 年一遇。

地震烈度：根据 GB 18306—2015《中国地震动参数区划图》及 GB 5011—2010《建筑抗震设计规范》(2016 年版)划分，工程区Ⅱ类场地基本地震动峰值加速度为 0.15g，基本地震动加速度反应谱特征周期为 0.40s，相应地震烈度为Ⅶ度。经判定工程区属Ⅲ类场地，基本地震动峰值加速度调整为 0.1725g，反应谱特征周期调整为 0.55s。

7.3.5 防洪堤建设

1. 堤线布置原则

(1) 针对现状河道防洪工程存在的问题，本着突出重点、合理布局进行工程布置，尽量适应而不改变堤势。

(2) 尊重河道自然演变规律，充分考虑河道流势液态，尽量维持原河道形态。

(3) 堤线布置力求平顺，相邻堤段间平缓连接，不采用折线或急弯。

(4) 尽量减少房屋、耕地等的占压，降低社会影响和工程实施难度。

(5) 局部堤线调整与穿堤建筑物、堤顶路、管理站所、越堤坡道等布置相结合。

(6) 坚持河道防洪设施建设与生态环境保护、城市建设相结合，顺应自然，实现人水和谐相处。

2. 堤线布置

堤线布置综合考虑了实施难度及征地拆迁影响、基本农田保护、现有生态系统利用等因素，为保证加高加固后的堤身安全，节约工程投资，本次加固基本在原堤线布置。综合考虑临村段工程占地与征迁、险工段及交通需求等问题，原则上以迎水侧加固为主，在现有堤身基础上向河道内侧帮宽加高堤防，并留出相应的管理范围，既满足工程管理需要，又减少工程量及征迁量。而对于现状迎水侧防护结构完好、堤身结构满足要求的防护堤段，充分利用现有防护措施，选择在背水侧复堤，从而节约工程投资。白沟河治理中堤线按左右堤分别布置。

(1) 左堤堤线布置。

白沟河左堤由白沟河左堤、左堤上延段和古城小埝组成。左堤考虑原有堤线、险工段、交通及周围建筑等进行堤线布置。

堤线大体走向基本符合河流态势和防护要求，局部堤段存在堤顶中心线转弯半径较小的情况，导致局部冲刷严重、洪水通行效率低下。本次治理方案整体上维持现状堤线不变，局部转弯半径较小处采取中心线向河道内偏移的措施以满足过流需求。根据上述堤防临水侧加固及局部段中心线内移的堤线布置原则，左堤大部分堤段中心线较原中心向河道内平均平移 4.6m，最大平移距离为 10.0m。

对于险工段，左堤现状险工段有原建丁坝，结合历年运用效果，并考虑工程造价，确定尽量利用现有丁坝。本次治理中险工段采取背水侧复堤措施，满足工程需求的基础上，进行背水坡护堤地范围的征收与拆迁工作。针对白沟河左堤现有塔西郭险工、二龙坑险工、西苇坨险工、东茨险工 4 处险工，所在堤段中心线较原中心向河道外平移 7.5～15.6m，且涉及民居拆除。

对于有交通要求的堤段，结合复堤和堤顶道路布置对转弯较急的堤段进行微调，其中，东茨村与茨村大桥之间，结合东茨险工复外堤，对原 S 形堤段 200m 进行微调，调整后长度为 180m，堤线调整对行洪水位和流速基本无影响，大大提高堤顶道路通行效率。

（2）右堤堤线布置。

右堤由小营横堤和白沟河右堤组成，右堤考虑原有堤线、堤防现状、险工段及周边建筑进行堤线布置。

右堤堤段较为平顺，治理方案基本维持现状堤线不变。根据上述堤线布置原则，右堤设计堤顶中心线较原中心线向河道内平移 15m，最大平移 17.5m。

小营横堤堤段为白沟河堤距最小河段，考虑尽量不缩窄过水断面等因素，结合背水坡护堤地范围的征收，本堤段设计复外堤。

对于险工段，右堤现有 3 处险工，分别为望海庄北、望海庄和朱庄险工。其中，望海庄北和望海庄险工建设年代久远、破损严重，需拆除重建。望海庄险工、望海庄北险工背水坡均紧邻村庄，居民房屋紧邻堤脚，采取临水侧复堤的措施。朱庄堤段背水侧无居民房屋，本次治理方案对该堤段复外堤。

3. 堤身设计

（1）堤身填筑。采用开挖料、壤土分区筑堤方案。该方案临水侧壤土区优先选用河道内疏浚开挖土料中满足要求的壤土，不足部分取自塔照土料场，拟开挖土料 156.25 万 m³（自然方），取土面积为 421.4 亩，黏粒含量不满足要求的开挖土料填筑在开挖料区，并满足 GB 50286—2013《堤防工程设计规范》中相应堤防工程等级的夯实标准。临水侧堤坡为 1∶3。断面型式见图 7-23、图 7-24。

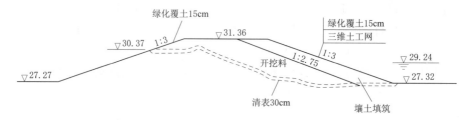

图 7-23　左堤身结构及典型断面图（单位：m）

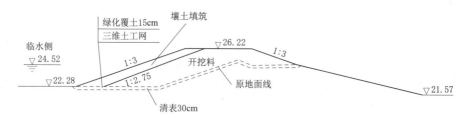

图 7-24　右堤身结构及典型断面图（单位：m）

（2）堤身结构。考虑冲刷、沉降及冻胀的工作环境，堤身临水侧采用格宾石笼护坡、三维柔性网格等柔性结构以适应河床变形及地基的不均匀冻胀。考虑不冲不淤流速，确定近岸流速小于 1.0m/s 的堤段采用三维柔性网格防护，并用 U 形钉固定，梅花形布置；对于流速大于 1.0m/s 的堤段采用格宾石笼的防护型式，格宾石笼护坡厚 30cm，格宾石笼下铺设 10cm 厚砂砾石垫层。

（3）护脚结构。因河道设计纵坡较陡、洪水流速较大段对原状河底会有冲刷，为保证两侧护岸基础安全稳定，对治理段进行冲刷计算，并根据冲刷深度对必要段进行堤脚防护，防护型式为格宾石笼与浆砌石镇墩相结合。

（4）排水系统。堤防采用分区排水，临水侧和背水侧堤坡的坡面水分别排入河道内及外部道路。堤顶路面的雨水通过路面横向边坡排入河道内。堤防临水侧边坡上设置混凝土排水沟槽，间距为50m，排水沟槽末端连接混凝土雨水池。

4. 堤身稳定设计

堤身稳定计算包括渗流稳定计算和抗滑稳定计算两种。根据工程地质勘探和土工试验结果，结合地形条件、河道水流条件、堤防险工段、堤身结构、堤身高度和填筑材料等，选取典型断面进行稳定计算，所选断面均为代表性较好的断面。共选取16个典型断面进行计算，按透水地基、下游无排水设备进行计算。具体情况如下：

（1）渗流稳定计算。选择两种最不利工况进行计算：①工况1选择行洪期，临水侧相应水位为设计洪水位，背水侧无水，且堤身形成稳定渗流，对背水侧外坡脚出逸高度、出逸比降及堤基表面的出逸比降进行计算；②工况2选择临水侧水位骤降1.5m，退水时间按24h计，对临水侧堤坡出逸高度及出逸比降进行计算。根据渗流稳定计算结果及地质提供的资料，各典型断面浸润线出逸高度均很小，背水侧坡脚处的最大渗流比降小于允许水力坡降值，设计断面满足渗流稳定要求。

（2）抗滑稳定计算。选择两种正常工况和两种非正常工况，共计四种工况进行计算：①正常工况1选择设计洪水位情况下稳定渗流期的背水侧堤坡；②正常工况2选择设计洪水位骤降期的临水侧堤坡；③非常工况1选择施工期临水侧、背水侧堤坡；④非常工况2选择多年平均水位遇Ⅷ度地震情况下临水侧堤坡。按GB 50286—2013《堤防工程设计规范》中规定，选用相应级别土堤抗滑稳定安全系数作为参照值，具体取值见表7-1。计算结果均满足规范要求。

表7-1 堤防堤坡抗滑稳定安全系数表

计 算 工 况	堤防允许安全系数		
	左堤（1级）	小营横堤（2级）	右堤（4级）
正常运用条件	1.50	1.35	1.25
非常运用条件Ⅰ	1.30	1.25	1.15
非常运用条件Ⅱ	1.20	1.15	1.10

7.3.6 险工防护建设

1. 险工段布置

（1）险工段类型。白沟河左、右堤险工主要分为顶冲段和临堤深坑两种。

顶冲险工段：白沟河历经多次洪水冲刷，受弯道环流和洪水淘刷的影响，原凹岸冲刷范围加长、滩地变窄，造成主槽贴近堤脚形成近滩顶冲险工。本着安全为主、技术可靠的原则综合考虑抗刷能力、使用寿命等因素，集合堤防边坡防护，通过方案比选确定近滩顶冲险工段堤坡防护型式采用格宾石笼防护，上部敷设种植土。

主槽（大坑）近堤段：由于无序开挖取土等历史原因，白沟河堤防内、外侧现状均有近堤大坑，堤脚处大坑使堤身相对变高，抗滑稳定能力降低。另外，行洪期间极易产生渗透变形，从而增加了堤防发生渗透破坏的危险性。为提高堤身抗渗与抗滑稳定能力，保证堤身安全，综合考虑河道内外生态景观地形塑造等因素，对此类大坑进行回填处理，临水侧采用黏性土回填，背水侧采用砂性土回填，填筑高程与现状滩地一致，填筑标准与堤身一致。

（2）本次设计险工段分布情况。本次设计根据工程现状及设计堤线布置，白沟河左、右堤险工主要分为顶冲段和临堤深坑两种。

左堤险工段统计情况如下：①塔西郭险工，桩号 Z10＋515～Z10＋935；②二龙坑险工，桩号 Z14＋715～Z14＋995；③西苇坨险工，桩号 Z17＋077～Z17＋702；④东茨村险工段，桩号 Z18＋693～Z19＋246。

右堤险工段统计情况如下：①望海庄北险工段，桩号 Y8＋688～Y8＋798；②望海庄险工段，桩号 Y9＋465～Y10＋018；③朱庄险工，桩号 Y16＋052～Y16＋489。经计算，各险工最大的冲刷深度为 0.23～2.44m。

2. 险工段方案设计

为了避免新增占地、减少工程投资，左右岸堤防一般段均采用加高培厚临水侧的加固方式，对于险工段如同样加高培厚临水侧，拆除重建原有干砌石、浆砌石防护，可能会增加投资。因此对左右堤分别针对复内、外堤方案进行比选。综合考虑险工现状及周围环境，主要为险工运行情况、沿线民居、农田及其他占地等条件，最终确定险工实施方案。

根据险工段现场调查情况，左堤塔西郭险工、二龙坑险工、西苇坨险工、东茨险工，右堤朱庄险工段防护结构完整，石块质地新鲜，干砌石护砌厚度镇脚埋深满足冲刷深度要求，故以上险工段拟保留现有防护工程，加高培厚背水侧加固方式。

右堤望海庄村北及望海庄村险工均破损严重，且石块较小，质地较差，同时由于望海庄村民房紧靠堤顶，且布局密集，复外坡产生的拆迁量较大，投资较高，故望海庄村拟加高培厚临水侧，并对险工进行拆除重建。朱庄险工选择复外坡，无需新建险工，拆迁涉及 3 户 12 人，宅基地 6 亩。

3. 险工防护结构设计

新建堤防临水侧斜坡坡比为 1∶3，可采用的护坡型式有混凝土护坡、干砌石护坡、浆砌石护坡、格宾石笼护坡，综合考虑安全性、工程造价、生态性等因素，进行方案比选。

（1）混凝土护坡。混凝土护坡消浪效果差于砌石护坡，但整体性好。该护坡适用于水泥及细骨料来源丰富的工程区，工期长，外观人为痕迹明显，自然性、生态效果较差。混凝土护坡强度等级为 C25，厚度 20cm，下铺 10cm 厚的 C15 素混凝土垫层，每平方米混凝土用量 0.3m³，钢筋 0.02t，每平方米土方开挖 0.3m³，投资 351 元/m²。

（2）干砌石护坡。干砌石护坡为堤防临水侧护坡的一种常见型式，该护坡型式的特点是适应堤身沉降变形，但整体性差，抗风浪能力弱，维护工作量大，外观效果差，需大量的石料。干砌石护坡厚度 50cm，每平方米块石用量 0.5m³，每平方米土方开挖 0.5m³，投资 154 元/m²。

（3）浆砌石护坡。浆砌石护坡具有较好的整体性，抗风浪能力强，抗冻胀性能好，施工方便，容易维修，适用于石料来源丰富的工程区。浆砌石护坡厚度 50cm，每平方米块石用量 0.5m³，每平方米土方开挖 0.5m³，投资 296 元/m²。

（4）格宾石笼护坡。设计格宾石笼护坡厚 0.30～0.50m，格宾石笼下铺设 15cm 厚砂砾石垫层。格宾石笼为柔性防护结构，既可以适应河床的变形，又可以适应地基的不均匀冻胀。格宾石笼护坡厚度 50cm，每平方米块石用量 0.5m³，每平方米土方开挖 0.5m³，投资 237 元/m²。

对 4 种方案进行对比分析，混凝土护坡造价最高，干砌石护坡造价最低，但对块石尺寸要求较高，较难达到要求。浆砌石护坡为刚性结构，对于适应堤防沉降等情况易产生裂缝，不利于结构稳定。同时参考以往工程案例及施工工艺的难易程度，本次险工段采用格宾石笼的防护结构型式。格宾石笼表层铺设 30cm 厚的绿化覆土，并进行撒播草籽绿化。

7.3.7 疏浚工程建设

通过河道扩挖疏浚、加高加固原有堤防等综合措施，整体提高了该河段沿岸的防洪标准，改善了当地的外围环境，为当地的经济发展提供了更加优良的投资环境和土地资源，提高了涿州市城市发展空间，并带动区域内经济建设。本项目结合主槽现状，基本维持现状主河槽的形态，在尽可能少占地、原则上不占永久基本农田的前提下，为提高河道过流能力，降低主槽糙率，对河床采取平整措施，主槽疏浚共清理沙洲 8 处、总面积 1412.33亩，平整河床 8 处、总面积 46.50 亩。

1. 主槽疏浚工程

白沟河河道本次疏浚整治的起点为小清河涿州市与北京市交界处，终点为白沟河涿州市与高碑店市交界处，全长 25.85km，其中小清河段长 5.67km，桩号 X0＋000～X5＋667；白沟河段长 20.18km，桩号 B0＋000～B20＋180。本次涉及的 8 处取土疏浚区均紧邻主槽，以取土筑堤为主要目的，同时疏浚主槽加大过水断面，降低工程总体工程规模。取土疏浚区布置以水流平顺、河势稳定为原则，取土疏浚位置距离设计堤脚保持一定距离，不对堤脚冲刷造成威胁破坏，取土疏浚深度至主槽深泓高程，见图 7 - 25。取土疏浚区布置在主槽凸岸共计 4 处，其他 4 处均顺主槽布置为窄长型，对河势稳定影响较小，布置情况详见表 7 - 2。疏浚后各区距离设计堤脚距离最小为 51m，最大距离为 256m，亦不会对造成堤防工程造成直接安全影响。

图 7 - 25　河道疏浚图

表 7 - 2　　　　　　　　　　取土疏浚区布置情况　　　　　　　　　单位：m

| 序号 | 名　称 | 位置 | 长度 | 最大宽度 | 距离设计堤脚距离 | | 疏浚最大深度 |
					最小	最大	
1	小清河1区	左滩凸岸	1082	112	98	235	3.3
2	小清河2区	左滩凸岸	1355	174	230	844	4.4
3	白沟河1区	左滩顺岸	902	98	256	741	4.4

续表

序号	名　称	位置	长度	最大宽度	距离设计堤脚距离		疏浚最大深度
					最小	最大	
4	白沟河2区	左滩顺岸	1217	181	64	73	3.2
5	白沟河3区	右滩凸岸	1847	210	60	123	3.7
6	白沟河4区	右滩凸岸	2623	126	96	290	3.0
7	白沟河5区	右滩顺岸	1494	126	76	246	3.4
8	白沟河6区	右滩顺岸	1686	179	51	240	3.0

（1）小清河段（X0＋000～X5＋667）。小清河河道中多沙洲，河道主槽现状宽度为15～130m，主槽深2.0～6.2m。自起点至徐肖街桥的河段范围内，主槽较宽阔；徐肖街桥至与拒马河汇合处的河段，主槽缩窄，宽度仅为15m左右，每年汛期，此处都会发生阻水现象。小清河上游北京段已进行了整治，并修筑了右堤。为与北京段衔接，同时考虑疏浚主槽，清理沙洲，本次工程对小清河段主要设置了两处取土疏浚位置，具体情况如下。

第一处取土疏浚位置邻北京市界，桩号为X0＋403～X1＋484，长1081.62m，面积为104亩，平均开挖深度3.3m，开挖边坡1∶5，开挖平整后与现状河底平顺连接；第二处取土疏浚位置位于桩号X3＋400～X4＋755处，长1354.94m，面积为190.51亩，平均开挖深度4.4m，开挖边坡1∶5。两处取土疏浚位置主要是采用扩挖的方式进行拓宽，具体情况见图7-26。

图7-26　小清河取土疏浚区分布图

（2）白沟河段（B0＋000～B20＋180）。本次白沟河主槽整治范围位于右侧，全部位于涿州市境内。河道主槽现状宽度为46～200m，主槽深2.1～7.2m。小清河与拒马河汇流后至茨村大桥段，主槽较窄，且无右堤；茨村大桥至东代屯村，两堤间距变化较小，主槽较窄，约为100.2m。故小清河与拒马河汇流后至东代屯村段，作为疏浚的重点。

疏浚整治主要有6处，分别位于桩号B0＋090～B0＋991、B1＋947～B3＋164、B6＋086～B7＋933、B11＋613～B14＋235、B15＋905～B17＋398、B18＋006～B19＋692。

白沟河取土疏浚1区主槽设计桩号B0＋090～B0＋991起点位于小清河与拒马河汇合处下游位置，终点为二龙坑，长901.72m，面积为89.90亩，平均开挖深度4.4m，开挖边坡1∶5；白沟河取土疏浚2区主槽设计桩号B1＋947～B3＋164起点位于柳南路漫水桥下游，长1216.88m，面积为208.13亩，平均开挖深度3.2m，开挖边坡1∶5；白沟河取土疏浚3区主槽设计桩号B6＋086～B7＋933，起点位于茨村大桥下游，面积为378.82亩，平均开挖深度3.72m，开挖边坡1∶5；白沟河取土疏浚4区主槽设计桩号B11＋613～B14＋235，起点位于望海庄村下游，长2622.62m，面积为22.71亩，平均开挖深度3m，开挖边坡1∶5；白沟河取土疏浚5区主槽设计桩号B15＋905～B17＋398，起点位于东代屯村上游，长1493.59m，面积为135.79亩，平均开挖深度3.4m，开挖边坡1∶5；白沟河取土疏浚6区主槽设计桩号B18＋006～B19＋692，起点位于朱庄村下游，长1686.44m，面积为282.47亩，平均开挖深度3m，开挖边坡1∶5。6处取土疏浚位置主要是采用扩挖滩地的方式进行拓宽。具体情况见图7-27、图7-28。

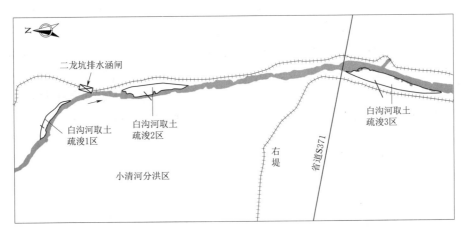

图7-27　白沟河取土疏浚区（1～3）分布图

2. 河床平整工程

由于小清河及白沟河段内，局部存在沙洲及坑，河道整体未进行过整治，目前河道局部流水不畅。在现场考察的基本上，综合考虑河道现状、业主意愿及项目资金等多方面因素，初步确定对河床进行平整，主要范围为河道主槽中沙洲、孤岛位置，采用推土机和长臂挖掘机等设备进行平整，平整厚度根据横断面中的滩地确定，使河道主槽糙率降低，过水断面加大，利用河道行洪。河床平整的位置主要位于疏浚区附近，疏浚区开挖后，主槽中的凸起、砂垄等需要进行平整。

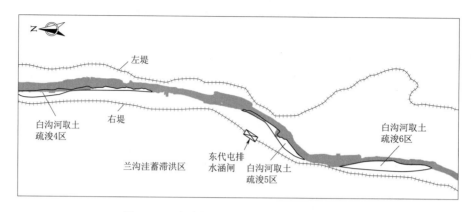

图 7-28　白沟河取土疏浚区（4~6）分布图

（1）小清河段。小清河 1 区河道平整桩号区间为 X0+396~X0+436、X1+081~X1+181，沿疏浚区对河床进行平整，右侧为取土疏浚 1 区，沿其外侧进行平整，平整宽度为 15~38m，此段范围内共清理沙洲 2 处，面积分别为 2.3 亩和 2.2 亩，平整深度 2.1~2.3m，平整河床面积 4.7 亩和 7 亩。小清河 2 区河道平整桩号区间为 X3+506~X3+581；沿疏浚区对河床进行平整，右侧为取土疏浚 2 区，沿其外侧进行平整，平整宽度约为 16m，此段范围内共清理沙洲 1 处，面积为 1.8 亩，平整深度约 0.9m，平整河床面积 4.3 亩。

（2）白沟河段。白沟河 1 区河道平整桩号区间为 H0+103~H0+198、H0+501~H0+541，沿疏浚区对河床进行平整，右侧为取土疏浚 1 区，沿其外侧进行平整，平整宽度为 25~39m，此段范围内共清理沙洲 2 处，面积分别为 5.6 亩和 1.5 亩，平整深度 0.4~0.7m，平整河床面积 2.0~12.1 亩。白沟河 2 区河道平整桩号区间为 H2+150~H2+190、H2+754~H2+794 与 H3+157~H3+212，沿疏浚区对河床进行平整，右侧为取土疏浚 2 区，沿其外侧进行平整，平整宽度为 23~53m，此段范围内共清理沙洲 3 处，面积分别为 1.5、1.4 亩和 4.4 亩，平整深度 0.4~0.9m，平整河床面积 4.4~7.3 亩。

7.3.8　排沥分洪建筑建设

1. 小营横堤分洪口门工程设计

（1）方案比选。根据洪水调度方案，当白沟河发生 50 年一遇洪水时，启用小营横堤分洪口门分洪，分洪流量为 1900m³/s，分洪口门宽度为 300m。从防洪安全和投资角度综合分析，确定口门采用结构型式较简单、易施工的水泥搅拌桩裹头，中间为土堤结构型式。分洪口门设置在小营横堤上，位于桩号 Y3+259~Y3+559 段，所在堤防位置处的设计顶高程为 30.68m。分洪口门两侧采用水泥搅拌桩格构墙进行防护，水泥搅拌桩布置 4 排，间距为 3.2m，水泥搅拌桩采用双层布置，中心间距为 0.5m，桩径 0.7m。

（2）运行管理方式选择。分洪方式主要有人工分洪及炸堤分洪两种，根据运行管理的安全性、保证率及简便性，选择人工分洪的型式，其运行如下：

当分洪区洪水位超 50 年一遇设计洪水标准时，根据防汛指挥部门命令，采用挖掘机挖槽引流溃坝相机分洪。挖掘机采用两台同时工作，自分洪口门的中间部位开始开挖，水平向开挖 20m，向下开挖 2.1m 至设计洪水位后，挖掘机自下游撤离，洪水自开挖断面处下泄，依靠冲刷作用将口门扩展至全断面范围，达到分洪的作用，洪水消退后，将分洪口门重新填埋。此分洪方式简单、安全、保证率高。

2. 排水涵闸工程设计

白沟河涿州段现有排水涵闸 10 座，其中左堤 9 座、右堤 1 座，其主要功能均为排泄涝水至白沟河或小清河河道内，白沟河行洪时起到挡洪作用。左堤古城小埝现有排水涵闸 4 座，其功能尽失，根据《关于对白沟河治理工程（涿州段）可行性研究报告的审查意见》对该 4 座穿堤建筑物拆除，其余 6 座穿堤涵闸全部进行原址拆除重建。具体情况见表 7-3，排水涵闸技术指标及运行条件汇总表。

表 7-3 排水涵闸技术指标及运行条件汇总表

序号	名 称	治理方案	工程位置	设计流量/(m³/s)	运 行 条 件
1	韩营排洪涵闸	拆除	古城小埝	5.00	
2	陶营排洪涵闸	拆除	古城小埝	5.00	
3	大兴庄排洪涵闸	拆除	古城小埝	5.00	
4	四柳村排洪涵闸	拆除	古城小埝	5.00	
5	刘园子排水涵闸	重建	左堤	6.11	挡洪水位 29.70m，排沥水位 27.51m，当白沟河内洪水位低于排沥水位时，开启闸门排沥，当白沟河内洪水位高于排水沥水位时关闭闸门
6	塔西郭排水涵闸	重建	左堤	5.56	挡洪水位 29.65m，排沥水位 27.23m，白沟河内洪水位低于排沥水位时，开启闸门排沥，当白沟河内洪水位高于排水沥水位时关闭闸门
7	双柳树排水涵闸	重建	左堤	1.98	挡洪水位 29.15m，排沥水位 26.38m，当白沟河内洪水位低于排沥水位时，开启闸门排沥，当白沟河内洪水位高于排水沥水位时关闭闸门
8	二龙坑排水涵闸	重建	左堤	11.10	挡洪水位 28.87m，排沥水位 23.54m，当白沟河内洪水位低于排沥水位时，开启闸门排沥，当白沟河内洪水位高于排水沥水位时关闭闸门
9	东茨村排水涵闸	重建	左堤	16.60	挡洪水位 28.87m，排沥水位 23.79m，当白沟河内洪水位低于排沥水位时，开启闸门排沥，当白沟河内洪水位高于排水沥水位时关闭闸门
10	东代屯排水涵闸	重建	右堤	64.00	挡洪水位 24.83m，排沥水位 20.05m，当白沟河内洪水位低于排沥水位时，开启闸门排沥，当白沟河内洪水位高于排水沥水位时关闭闸门

（1）东代屯排水涵闸。东代屯排水涵闸位于白沟河右堤上，桩号为 Y14+926，主要排除仓尚河分支的沥水，现状仓尚河分支长 1.3km，现状河道底宽 10～45m，上口宽 20～60m，两岸边坡 1:1.5～1:4。分支河底高程无明显纵坡，闸址处较高，目前排水不畅，本次设计将闸底板高程降低至 17.45m，并对闸上游 51m，下游 93m 的河道进行清淤，使上下

游河道平顺衔接，保证沥水顺利排出。东代屯排水涵闸与现状的堤线正交，堤线在此处有 2 处明显的弯道，本次设计将堤线顺直，闸址不变，设计后的堤线与闸斜交，夹角为 80.3°。东代屯排水涵闸设计排水流量为 64m³/s，为钢筋混凝土箱涵结构，共 5 孔，单孔净宽 3m、净高 3m。东代屯排水涵闸共分为 5 部分，由上游连接段、涵洞段、闸室段、消力池段及下游连接段组成。东代屯排水涵闸治理施工图见图 7-29。

（2）刘园子排水涵闸。该闸位于白沟河左堤，设计桩号 Z9+320。始建于 1964 年，为钢筋混凝土方涵式单孔闸涵，宽高均为 1.4m。目前闸门已损坏，涵洞堵塞严重，基本丧失排涝挡洪功能。本次设计对其进行原址拆除重建，设计排沥流量 6.11m³/s，闸门设在白沟河左堤临水坡侧，双向运用。上游河道设计底宽 5.0m，河底高程 26.05m，边坡 1：2；涵闸为钢筋混凝土结构，共 1 孔，单孔净宽 2.0m、净高 2.50m，设计闸底板顶高程为 26.0m。新建排水涵闸由上游至下游分为上游连接段、箱涵段、闸室段和下游连接段。治理施工图见图 7-30。

图 7-29　东代屯排水涵闸治理施工图　　　图 7-30　刘园子排水涵闸治理施工图

（3）塔西郭排水涵闸。该闸位于左堤上延段，设计桩号 Z10+085。始建于 1984 年，为单孔钢筋混凝土方涵，孔宽 2m。目前闸门已损坏，涵洞堵塞，已丧失排涝挡洪功能。本次设计对其进行原址拆除重建，设计排沥流量 5.56m³/s，闸门设在白沟河左堤临水坡侧，双向运用。上游河道设计底宽 5.0m，河底高程 26.05m，边坡 1：2；涵闸为钢筋混凝土结构，共 1 孔，单孔净宽 2.0m、净高 2.50m，设计闸底板顶高程为 26.0m。新建排水涵闸由上游至下游分为上游连接段、上游箱涵段、闸室段、下游连接段。治理施工图见图 7-31。

（4）双柳树排水涵闸。该闸始建于 1984 年，位于左堤上延段，设计桩号 Z13+023，为一孔直径 0.8m 钢筋混凝土管涵。目前涵洞堵塞，已丧失排涝功能。本次设计对其进行原址拆除重建，设计排沥流量 1.98m³/s，

图 7-31　塔西郭排水涵闸治理施工图

闸门设在白沟河左堤临水坡侧,双向运用。涵闸为钢筋混凝土结构,共 1 孔,单孔净宽 2.0m、净高 2.50m,设计闸底板顶高程为 25.50m。新建排水涵闸由上游至下游分为上游连接段、箱涵段、闸室段和下游连接段。治理施工图见图 7-32。

(5)二龙坑排水涵闸。该闸位于白沟河左堤,设计桩号 Z14+703。始建于 1984 年,为两孔钢筋混凝土方涵,孔宽 2m。目前闸门已损坏,涵洞堵塞,已丧失排涝挡洪功能。本次设计对其进行原址拆除重建,设计排沥流量 11.10m³/s,闸门设在白沟河左堤临水坡侧,双向运用。上游河道设计底宽 7.40m,河底高程 22.60m,边坡 1:2;涵闸为钢筋混凝土结构,总净宽 4.0m,共 2 孔,单孔净宽 2.0m、净高 2.50m,设计闸底板顶高程为 22.55m。新建排水涵闸由上游至下游分为上游连接段、上游箱涵段、闸室段、下游连接段。治理施工图见图 7-33。

图 7-32 双柳树排水涵闸治理施工图

图 7-33 二龙坑排水涵闸治理施工图

(6)东茨排水涵闸。该闸位于白沟河左堤,设计桩号 Z18+685。始建于 1964 年,为钢筋混凝土方涵式单孔闸涵,宽高均为 1.4m。目前闸门已损坏,涵洞堵塞严重,基本丧失排涝挡洪功能。本次设计对其进行原址拆除重建,设计排沥流量 5.0m³/s,闸门设在白沟河左堤临水坡侧,双向运用。上游河道设计底宽 5.0m,河底高程 22.45m,边坡 1:2;涵闸为钢筋混凝土结构,共 1 孔,单孔净宽 2.0m、净高 2.50m,设计闸底板顶高程为 22.40m。新建排水涵闸由上游至下游分为上游连接段、上游箱涵段、闸室段下游连接段。治理施工图见图 7-34。

(7)地震液化处理。根据地质勘察成果,东代屯排水涵闸、刘园子排水涵闸、塔西郭排水涵闸、双柳树排水涵闸二龙坑排水涵闸、东茨排水涵闸等 6 座建筑物建基面以下 20m 范围内壤土、砂壤土、细砂为为液化土层,液化等级为轻微—严重。

根据堤防高度、防渗要求等工程实际情况,参考类似工程,采用水泥土搅拌桩围封法加固地震液化地基。水泥土搅拌桩布置范围为建筑物轮廓线以外 3.0m,顺建筑物轴线方向间距 20m 布置横向隔断,隔断与建筑物结构缝错开布置。水泥土搅拌桩双排布置,直径 60cm,桩间距 40cm,搭接墙厚 84cm,搅拌桩桩底深入非液化层以下 2m,水泥土搅拌桩与建筑物基础之间布置 50cm 厚水泥土褥垫层。地震液化处理施工图见图 7-35。

图 7-34　东茨排水涵闸治理施工图　　　　　图 7-35　地震液化处理施工图

7.4　其他功能建设

7.4.1　生态功能建设

1. 生态建设目标

白沟河综合治理工程（涿州段）坚持防洪设施建设与生态环境保护、城市建设相结合，顺应自然，实现人水和谐共处。通过项目区生态修复绿化、疏挖主槽，连通上下游生态输水通道，逐步改善当地的生态环境，为周边经济发展开拓空间。生态功能建设主要内容包括植物种类选择与配置、生态景观地形塑造、河流廊道生态与景观治理。

2. 生态环境现状

白沟沿河主槽多处采砂坑和河心沙洲无序分布，造成河道断面极不规则，局部采砂严重的采砂坑深度 3～12m，主槽现状开口宽度 13～214m，主槽外侧滩地现状大部分为农田。滩地上高秆作物和林木阻水，致使河道行洪能力下降。工程治理范围内生态植物主要分布在堤防背水坡、滩地，河槽内零星分布。堤防背水坡分布有乔木、低矮灌木以及地被植物，以乔木与地被植物为主。滩地分布有乔木、低矮灌木以及地被植物，以地被植物为主。河道内分布植物主要为地被植物。整体来看，现状白沟河生态性处于天然状态，与行洪安全、景观优美、生态多样性等目标差之甚远。

3. 生态工程布局与设计

现状植被覆盖率低，生态环境退化严重是项目区生态环境存在主要问题。生态绿化坚持植物不妨碍河道行洪为首，以抗逆性强、便于管理的乡土植物为主，与地区经济、发展规划相协调统一，在合理人工干预的基础上发挥自然生态，系统自我修复能力的原则。

其中植物种类选择与配置，考虑时间序列景观性、经济性、适宜性等，选用黑麦草、早熟禾、食叶草、二月兰、大叶黄杨、速生杨等草本、花卉、灌木、乔木相结合的配置；生态景观地形塑造，主要为河道内外近堤段主槽沙坑平整、生态边坡设计、堤顶生态区结构设计以及滩地平整；临水侧边坡采用黑麦草和早熟禾进行绿化，滩地绿化采用黑麦草绿化，堤顶道路两侧采用大叶黄杨和二月兰绿化，堤防背水侧采用速生杨防护林防护。本次对治理范围内堤顶、迎水坡、滩地、丁坝坡面以及河槽进行生态修复绿化。根据绿化区域地形条件、生态景观效果，合理布置各个区域植物配置方案。

（1）植物种类选择与配置。

堤顶路行道树选择：行道树是堤顶路绿地绿化的主要骨架，对主区域规则布置行道树使整个绿地拥有一个绿色的骨架。考虑堤顶水土流失防治及景观搭配，主区域行道树以早熟禾、大叶黄杨为主。

迎水坡、丁坝植物选择：迎水坡、丁坝以黑麦草、早熟禾等地被种植为主，整体形成流畅的坡地景观，同时形成良好的坡面径流条件，降低降雨溅射冲刷及洪水冲刷影响。黑麦草、早熟禾种植比例约为 1：1。

滩地植物选择：考虑河道行洪影响，滩地现状以高秆作物为主，局部有建筑垃圾及弃土，杂草丛生，致使河道行洪能力下降，为降低滩地糙率，本次选用地被植物为主，即以黑麦草、早熟禾为主。

（2）生态景观地形塑造。复堤后对堤顶进行硬化加固处理，路面参照四级公路双车道设计，道路两侧各设 0.75m 绿化带，起到保水保土的作用，用于种植草本和灌木植物；堤身临水侧采用格宾石笼护坡、三维柔性网格等柔性结构以适应河床变形及地基的不均匀冻胀，同时表层覆土，构造坡面生态地形，撒播草籽进行绿化；为保护耕地，防止疏浚区开挖后临水侧受冲刷影响耕地，故将边坡放缓至 1：5，构造滩地生态地形，并撒草籽，利用植被保护边坡。

（3）绿化灌溉工程布置。通过对高效节水灌溉方式的特点比较，并结合项目区地形、地质条件以及绿化植物特性，本项目选定喷灌灌溉方式，并配备移动式喷灌机、水罐车与洒水车。为便于绿化植被维护，在项目区内布设灌溉设施，并配备取水设施、配电设施等。

7.4.2 信息化功能建设

白沟河信息化建设中统筹考虑，信息系统建设遵从"统一标准，集约开发，代建共用"的原则。白沟河涿州段信息化建设服从白沟河信息化总体设计框架，通过强化白沟河智慧水利建设，实现有效提升水事活动效率和效能，提高洪水预报和联合调度准确度等目标。在治理过程中坚持数字赋能，智慧管理，实现白沟河治理全寿命周期信息化。工程信息化建设主要包括规划设计信息化、建设管理信息化、运维管护信息化。其中规划设计信息化主要为基于 BIM 技术开展规划设计工作；建设管理信息化为依托"河北省水利工程建设监管平台"实现建设期信息化应用；运维管护信息化为构建"项目运维管理信息系统"完成项目运行维护过程中的信息化、数字化管理。

1. 规划设计信息化

（1）数字化设计。白沟河（涿州段）工程在数字化设计过程中严格按照 T/CWHIDA 0007—2020《水利水电工程信息模型分类和编码标准》相关要求，进行模型分解结构，分别包含场地、地质、左堤、右堤及管理站房，详见图 7-36。

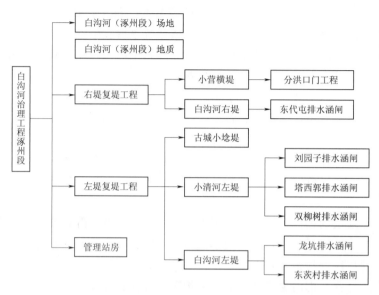

图 7-36 白沟河（涿州段）工程信息模型解构

项目信息模型创建满足 T/CWHIDA 0005—2019《水利水电工程信息模型设计应用标准》和河北省地方标准 DB13/T 5003—2019《水利水电工程建筑信息模型应用标准》相关要求。严格按照统一的规则和要求创建，模型的命名、版本管理、精细度等级、信息分类、模型编码、信息挂载等均满足相关标准规定，确保模型的有效协同。数字设计化包含可行性研究、初步设计、招标及施工图等阶段，不同阶段信息化模型相互衔接，设计深度按照相关要求逐步加深。初设阶段数字化成果主要包括方案比选、可视化展示、主要工程量复核等方面，详见表 7-4。招标及施工图阶段数字化设计成果在初步设计的基础上增加了碰撞检测、施工仿真、三维技术交底等成果，详见表 7-5。

表 7-4 初设阶段各专业建模内容及深度要求

序号	专业	模型内容		具体要求
1	测绘	河道及堤防工程部位		精度达到 1∶1000～1∶2000 比例尺
2	地质	节点建筑物工程范围		形成完整的三维地质模型，体现工程区内主要岩土学参数
3	水工	左堤	19.93km	反映堤线、堤顶高程、堤身占地、堤顶宽度、内外地坡坡度、主要工程量等，总体布置基本准确
		右堤	19.00km	
		建筑物	刘园子排水涵闸	几何尺寸正确、体现结构分区、地基处理等，体现主要工程量
			塔西郭排水涵闸	
			双柳树排水涵闸	
			二龙坑排水涵闸	
			东茨村排水涵闸	
			东代屯排水涵闸	
			小营横堤分洪口门	

序号	专业	模型内容	具 体 要 求
4	金属结构	闸门、启闭机、电动葫芦	反映闸门、拦污栅等主要金结设备尺寸、安装定位、主要构件材料和预埋件，体现主要工程量
5	电气	变压器、配电箱、控制柜等	体现强弱电系统主要设备结构尺寸以及布置，体现主要工程量等
6	建筑	堤防管理所	体现建筑外观、主要占地面积等
7	其他	配套给排水、暖通设备及其管路、护堤林等	

表 7-5 　　　　　　　　　招标及施工图阶段各专业建模内容及深度要求

序号	阶段	专业	建模深度要求	备 注
1	招标		同施工图，测绘、地质、暖通、给排水、景观等专业可适当降低要求	参照 LOD3.0
2	施工图	测绘	堤防工程精度达到 1:500～1:1000 比例尺各类穿堤建筑物工程适当提高精度	LOD3.0
3		地质	形成工程区整体三维地质模型，体现工程区内主要岩土力学参数	
4		水工	准确表达几何尺寸、结构分缝、材料分区、主要预埋件、监测设施、止水排水、地基处理、细部构造等	
5		桥梁	准确体现桥墩、桥基础桩、桥面板等主体结构尺寸，体现防撞栏、标识标牌、路面线等附属设施	
6	施工图	水力机械	反映轴流泵、拍门、起重机、辅助设备等所有水力机械设备的结构尺寸、安装定位以及必要的预埋件，体现工程量	LOD3.0
7		金属结构	反映闸门、拦污栅、启闭机、清污机等金属结构设备尺寸、安装定位、主要构件材料及预埋件，体现主要工程量	
8		电气	体现强、弱电系统所有设备（如变压器、高低压柜、电、电缆、桥架以及埋管、接地等）结构尺寸以及布置，体现主接线图等，可用于工程量统计	
9		建筑	准确表达建筑外观及装饰，墙、梁、柱、板、楼梯、预埋件等结构准确，可用于工程量统计	
10		其他	体现给排水设备管路、暖通设备及管路、其他排水设施，可用于工程量计算；体现厂区道路、景观等	

（2）设计成果数字化交付。提交的信息模型、倾斜摄影三维模型等数据格式符合河北省水利厅建设管理平台的接入要求，提交的各建设阶段信息模型深度等级满足《水利水电工程信息模型交付标准》和实际应用的需要。信息模型对象编码规则参照《水利水电工程信息模型分类和编码标准》执行。交付模型包含的主要信息分类包括构件模型、构件参数化信息、构件项目特征及相关描述信息等。白沟河涿州段设计阶段数字化成果交付的内容如下：

1）提交详细的工作计划、信息模型建设方案、专业协作方式和模型质量管理办法。

2）全专业信息模型。

3）设计阶段倾斜摄影三维模型，数字高程模型（DEM）、数字正射影像（DOM）、数字地表模型（DSM）。

4）主要节点建筑物、险工段地质三维模型。

5）用于演示的轻量化信息模型。

6）建模规范文件。

7）本项目样板文件，包括系统分类定义、材质定义。

8）堤线、占地范围线、控制点、界桩等提交 GIS 格式文件。

2. 建设管理信息化

白沟河涿州段建设期信息化应用通过"河北省水利工程建设监管平台"实现，仅需对本段施工过程数据进行收集整理。主要包括现场监测数据、施工模型数据、施工过程资料、开工前三维实景模型以及施工中重要节点无人机航拍等。

（1）现场监测数据。主要包括施工期现场视频监测及环境监测。

施工期视频监视设备主要包括施工期视频摄像头、施工期视频云服务器，布置范围及数量为：白沟河左堤全长 19.93km，布设摄像头 20 个；白沟河右堤全长 19.00km，布设摄像头 20 个；小营横堤分洪口门处、10 座排水涵闸处及管理站房处均布设摄像头 1 个，共计 12 个。

施工期现场环境监测主要包括环境监测传感器、远程终端单元。主要监测风向、风速、粉尘及噪音等内容，布置范围及数量为：白沟河左堤处 1 套、白沟河右堤处 1 套、二龙坑排水涵闸处 1 套及四柳村排水涵闸处 1 套。

（2）施工模型数据。项目施工时，施工前在"河北省水利工程建设监管平台"提交实景三维模型、数字高程模型以及数字正射影像，并根据平台功能要求进行 WBS 分解，开工后增加土建信息及机电安装信息，并随施工进度同步维护更新。

（3）施工过程资料。基于河北省水利工程建设项目监管平台的项目管理过程，向涿州段各参建方搜集、整理、汇总施工过程文档资料。包括前期征地移民资料，电子版施工图纸、施工设计说明、施工组织设计、施工进度计划、施工资料（施工承包人用表审批资料、质量检验资料等）、监理资料（日志、检测资料、监理表等）、设计变更等。并随施工进度录入平台并维护更新。

（4）其他。白沟河（涿州段）施工过程中需分别在冬季停工前、汛期停工前、汛后复工前、重点施工高峰期进行不少于 4 次的无人机航拍，每次航拍面积不小于 50.77km^2，以记录工程施工进度及现场情况，飞行拍摄区域覆盖全部工程区域。

3. 运维管理信息化

依托统一建设的白沟河运维管理平台，本段工程按照运维管理的总体要求进行数据采集，主要包括基础数据采集、现场监测数据采集及其他数据采集。数据采集在施工信息采集的基础上。

（1）基础数据采集。

1）基础地理空间数据，各段范围面积。

2）竣工模型数据。项目竣工验收后向运维管理平台提交竣工实景三维模型、数字高程模型以及数字正射影像。

竣工信息模型的内容需要将模型根据运维管理平台的要求进行整合应用，并在施工阶段信息模型基础上，增加资产信息和维护信息。其中资产信息主要为资产登记和资产管理，资产登记包含资产登记代码、价格、成本、税额等资产信息等；资产管理包含资产更新、使用、报废管理等。维护信息主要为巡检信息、维修信息、维护预测及备件备品，巡检信息主要为巡检记录、发现问题等；维修信息主要为维修记录；维护预测主要为下次维护时间预测；备件备品主要为备件备品库存量。

（2）现场监测数据采集。主要包括水位监测、堤防安全监测及视频监测等数据采集。

1）水位监测主要用于监测河道内正常情况下水位变化，同时兼顾洪水期。水位采用雷达式水位计进行监测，配套太阳能电池板、蓄电池、RTU、物联网卡、安装杆及辅材等。优先考虑结合跨河桥梁进行布设，条件不满足时立杆安装，水位计安装高度满足 100 年一遇防洪标准。当出现防洪标准相应洪水时应保证设施设备不被淹没、冲毁、保障人身安全。

2）堤防安全监测系统采用分布式网络结构，系统由监测站及中心监测站组成。监测站共设置 14 个，其中 6 个布置在穿堤涵闸启闭房内，在监测断面附近背水侧新建 8 个监测站；中心监测站位于观测站管理区。穿堤涵闸部位敷设的光纤为安全监测预留通信接口，实现涵闸监测站间及监测站与中心监测站之间的通信；其他监测站采用 GPRS 通信。中心监测站能够实现对外远程通信。

3）视频监测系统，主要对 6 座闸站、7 处险工段、管理所及堤防沿线重点关注部位、上下堤路口进行视频监视，共计 182 个监控点位，运行人员可以通过视频监控系统直接观察到启闭机室内的各主要设备和室外闸门状态、上下游水面和工作环境以及险工工程段水面、周围环境以及管理所（处）周围环境，进行现场作业的指挥重要操作的录像，并兼有安全保卫功能。

（3）其他数据采集。

在白沟河涿州管理处设置指挥调度中心（兼做中控室），满足会商、应急指挥、信息交流等重要事务的处理和重大活动的需要。调度指挥中心显示大屏整合基于 BIM/GIS 技术的智能运维平台，集成显示各类扁平化指挥的调度资源。并可实现高分辨率视频图像播放功能，以及静态图像以及文字、动画、幻灯片和滚动文字等各种文件格式等内容。

参 考 文 献

[1] 方旭辉. 大清河水系变迁及其对雄安新区建设的影响 [D]. 保定：河北农业大学，2020.

[2] 于燕. 中小河流治理工程设计的几点经验 [J]. 河北水利，2015（5）：19.

[3] 闫磊. 堤防加固工程渗流稳定和堤坡稳定计算与措施 [J]. 河南水利与南水北调，2020，49（9）：51-52.

[4] 刘昱，闫少锋，余凯波，等. 基于生态景观理念的河道整治与设计 [J]. 水利规划与设计，2020（8）：12-14，88.

永定河综合治理工程实例

8.1 项目简介

8.1.1 永定河水系简介

永定河水系是海河流域七大水系之一，位于东经 $112°\sim117°45'$、北纬 $39°\sim41°20'$，东邻潮白河、北运河，西邻黄河，南为大清河，北为内陆河。流域面积 $47016km^2$，其中山区面积 $45063km^2$，平原面积 $1953km^2$，占海河流域总面积 32.06 万 km^2 的 14.7%。永定河全长 $747km$，流经内蒙古、山西、河北、北京、天津 5 省（自治区、直辖市）的 43 个县（市）。

永定河上游有桑干河和洋河两大支流，至怀来县朱官屯汇合后称永定河，在延庆区纳妫水河，经官厅水库流入官厅山峡（官厅水库至三家店区间）。从官厅至朱官屯河长 $30km$，官厅山峡河长 $108.7km$，至三家店流入平原。永定河除上游桑干河和洋河两支河流外，干流上较大支流有：妫水河、清水河、湫河及泛区的天堂河、龙河、中泓故道，下游分洪道则有：永定新河、永金引河等。

永定河的洪水主要来自汛期的暴雨。最大洪水一般发生在 7—8 月，官厅山峡位于燕山西部迎风坡，是暴雨中心，多年平均降水量 $450\sim600mm$，山峡从降雨到产流至洪峰时间很短，历时不足 $10h$，而山峡洪水所占比重多数在 90% 左右。永定河山区多年平均天然径流量为 20.8 亿 m^3，其中官厅以上 19.7 亿 m^3，径流年内分配极不均匀，一般汛期径流量占全年的 $30\%\sim60\%$。径流量年际变化大，最大与最小年径流量的比值达 3.24，是海河水系中山区年径流年际变化最小的河系。

8.1.2 工程简介

工程区位于海河流域永定河水系涿州市段，为现代河流冲积河漫滩、冲积平原地貌。总体地势北高南低，河流走向自北向南，两岸地形开阔平坦。现状河道上开口宽度 $600\sim1500m$，河底高程 $26.30\sim33.60m$，坡降约为 $1\permil$，堤外地面高程 $27.20\sim33.90m$，现状堤顶建有堤顶路，高程 $35.46\sim38.85m$。河道宽浅多滩，两岸险工较多，现状河道无地表水。

依照《永定河综合治理与生态修复总体方案》与《河北省永定河综合治理与生态修复实施方案》规划建设内容，本工程在充分分析永定河涿州段现状存在的问题，并结合涿州市发展需求，确定永定河涿州段建设内容。

本工程治理主要内容为：堤防加高加固；堤顶路与连接路拆除重建；河槽疏挖整治；砂坑治理；右侧滩地修复；控导建筑物加固；修建生态步道；生态修复绿化；绿化灌溉工程；智慧水务工程。

其治理标准为，永定河右堤按 100 年一遇设计，洪水 $2500m^3/s$，主槽疏挖按 $60m^3/s$。堤防工程等别为 Ⅰ 等，级别为 1 级。建筑物工程抗震设防类别为乙类，设计烈度为 Ⅶ 度。

工程治理范围上游起点为涿州市与北京市房山区行政交界处，下游终点为涿州市与固安县行政交界处，河道治理长度 7.76km，堤防治理长度 7.9km。

工程总投资为 43107.63 万元，施工工期 27 个月，工程建设占地范围总计 5005 亩。

8.1.3 工程建设必要性

永定河是京津冀地区重要的防洪安全屏障，是京津冀生态功能区的天然走廊，是《京津冀协同发展规划纲要》"六河五湖"生态治理与修复中的重要河流。永定河涿州段（北京市房山区韩营村—涿州市长安城村南），是涿州市与北京市大兴区的界河，河道长 7.76km。根据《海河流域防洪规划》（2008 年），永定河卢沟桥—梁各庄段右堤主要保护对象为京广铁路、京石高速、北京市房山区、河北省涿州市，保护面积为 $3309km^2$，保护区人口 217.76 万人，保护耕地 19.63 万 hm^2。该段为地上悬河、沙化严重、砂坑遍布，堤防超高不足，控导建筑物损坏严重、险工多，防洪能力不足，同时河道长期断流、生态系统退化，环境承载力差。涿州市永定河综合整治工程是《永定河综合治理与生态修复总体方案》的重点项目，加快实施治理，保障防洪安全，恢复河流连通性，提升行洪、排涝、生态功能是十分必要的。

（1）永定河治理工程的实施是保障北京防洪安全的需要。永定河涿州段（北京市房山区韩营村—涿州市长安城村南），是涿州市与北京市大兴区的界河，河道长 7.76km。永定河涿州段是区域协同发展的纽带。该段在地理位置上位于永定河冲积扇，属于平原生态区，对联通上游山区生态区与下游滨海生态区起到重要作用。

（2）永定河治理工程的实施是保障涿州防洪安全的需要。永定河是京津冀区域重要的防洪安全屏障。现状永定河右堤涿州段存在安全超高不足，浆砌石护坡破损等问题，对保护区人民生命财产安全造成严重威胁。实施永定河综合整治，对堤防进行加高加固、完善防洪安全设施、消除防洪安全隐患、保障人民生命财产安全，对提高人民生活幸福感与促进京津冀协同发展重大国家战略的实施具有重要意义。

（3）永定河治理工程的实施是保障自身防洪安全的需要。部分河段仍然存在防洪隐患，如山区河道堤防险工险段和主槽淤积，行洪能力降低；平原区部分河段堤防超高不足，超标准洪水通道受阻；永定河泛区安全设施不健全，周边洪水灾害风险较大，同时流域部分河道采沙影响河势稳定等。此外，永定河已多年未发生大洪水，现有防洪工程缺少洪水检验，防洪风险依然存在。

（4）永定河治理工程的实施是保障流域自身协调发展的需要。永定河是贯穿京津冀生态功能区的天然走廊，是区域协同发展在生态领域率先突破的着力点。

永定河综合治理工程以保障河湖生态环境用水为目标，科学确定河流生态水量，合理配置水资源；以打造绿色生态河流廊道为主线，加强资源生态红线管控，统筹山水林田湖系统治理，突出水生态保护，着力扩大生态容量空间。逐步将永定河恢复为"流动的河、绿色的河、清洁的河、安全的河"，促进流域经济社会发展、产业结构转型升级以及区域生态文明建设。生态环境综合治理工程逐步完成后，将为地区创造良好的生活环境、旅游环境、投资环境，有效地促进该地区的生态的可持续发展。

涿州市永定河综合治理工程不仅带来巨大的生态效益，同时作为平原生态休闲区的重要组成部分，永定河生态的改善为周边经济的发展奠定了基础，对周围经济的发展起到推动作用。这不仅是社会发展的需要，也是人民群众对良好生态环境与美好生活的迫切要求。

8.2 工程概况

8.2.1 自然经济概况

永定河流域行政区划上分属北京、天津、河北、山西、内蒙古5个省（自治区、直辖市），共涉及43个市、县、区，其中河北省涉及张家口、保定、廊坊3个地级市。2014年流域总人口约1382万，其中城镇人口837万，城镇化率为61%，国内生产总值（GDP）7332亿元，人均5.31万元，工业增加值2086亿元，耕地面积2242万亩，有效灌溉面积741万亩。本工程范围为永定河流域涿州段。

涿州市毗邻北京，地处华北平原西北部，北京西南部，京畿南大门。涿州市境内地形总体特征是西高东低，地势相对平坦。全境地处太行山前倾斜区，由西北向东南倾斜，最高海拔69.4m，最低海拔19.8m，地面坡降1/660左右。地貌形态受拒马河冲积影响，南北各有二级阶地，高差2～4m不等。涿州市属暖温带半湿润季风区，大陆性季风气候特点显著，温差变化大，四季分明。涿州市地下水净储量6.4亿 m^3，自产水资源总量为1.4亿 m^3，涿州市水资源人均占有量为1592.6 m^3。2021年，涿州市生产总值完成3714300万元，同比增长6.5%；其中，第一产业增加值246073万元，同比增长4.2%；第二产业增加值909628万元，同比增长7.9%；第三产业增加值2558599万元，同比增长6.2%。三次产业结构由上年的6.9:20.8:72.3调整为6.6:24.5:68.9。人均地区生产总值为55796元，同比增长6.4%。2022年，涿州市实现地区生产总值400.2亿元，同比增长4.9%；完成一般公共预算收入34.2亿元；城、乡居民人均可支配收入分别为45633元和25720元，分别增长5.3%和7.4%。境内京广铁路、京广高铁、京港澳高速、107国道、京白公路纵贯南北，京昆高速、廊涿高速、张涿高速横跨东西，京雄高速及支线工程建成通车，大兴国际机场涿州城市航站楼建成投用。

8.2.2 气象水文条件

涿州市年平均温度11.6℃。7月温度最高，月平均温度为26.1℃。6月极高温度41.9℃。1月气温最低，月平均温度零下5.4℃。年平均温差31.5℃。无霜期累年平均为178d。初霜最早在10月2日，最晚在10月27日。地面温度累年平均为14.2℃。涿州市冬季最大冻土深为0.68m。冻土时间最早在12月3日，解冻在3月11日，最长连续冻结122d。由于永定河已断流40年左右，参照永定河上下游与附近河流结冰情况，河道内流冰期为11月下旬至次年1月初，结冰期为1月上旬至1月中旬，融冰期为1月下旬至2

月初。

根据涿州市降水资料统计，多年平均降水量为 554.14mm，年际变化较大，最大降水量为 1956 年的 1145mm，最小降水量为 1965 年的 270mm，年内降水多集中在 6—9 月。涿州市年平均蒸发量为 1575.2mm。全年主导风向为南风与东北风，夏季主导风向为西北风与东南风，年平均风速 2.4m/s，年最大风速可达 25m/s。根据现场实地调查，距项目区最近的气象站为固安气象站，位于项目区下游 5km 处。依据已批复的《河北省廊坊市永定河综合整治工程设计施工总承包工程二期初步设计报告》中"根据固安气象站 1980—2018 年逐月最大风速统计，当地多年平均最大风速为 11.7m/s，多年平均汛期最大风速为 10.3m/s。"的相关风速资料，可推测项目区多年平均汛期最大风速为 10.3m/s。根据《永定河洪水调度方案》，可知 3 年一遇洪峰流量为 380m³/s，5 年一遇洪峰流量为 819m³/s，20～100 年一遇洪峰流量为 2500m³/s。

8.2.3 地质情况

工程区位于海河流域永定河水系涿州市段，为现代河流冲积河漫滩、冲积平原地貌。总体地势北高南低，河流走向自北向南，两岸地形开阔平坦。现状河道上开口宽度约 600～1500m，河底高程 26.30～33.60m，坡降约为 1‰，堤外地面高程 27.20～33.90m，现状堤顶建有堤顶路，高程 35.46～38.85m。河道宽浅多滩，两岸险工较多，现状河道无地表水。工程区地层主要为第四系全新统冲洪积物，岩性主要为轻粉质砂壤土、中粉质壤土、重粉质壤土、粉砂、细砂。根据 GB 18306—2015《中国地震动参数区划图》及 GB 50011—2010《建筑抗震设计规范》（2016 年版）划分，本区地震动峰值加速度为 0.15g，设计反应谱特征周期 0.40s，抗震设防烈度为Ⅶ度。由区域地质资料可知场地覆盖层厚度大于 50m，场地判定为Ⅲ类场地，地震动峰值加速度调整为 0.1725g，设计反应谱特征周期调整为 0.55s，为建筑抗震一般地段。

永定河右堤堤身土体主要为人工填土，成分以重粉质砂壤土、轻粉质砂壤土为主；堤防填筑料塑性指数满足规范要求，但接近于下限，含水率低，黏粒含量偏低，压实度低，渗透系数偏大，堤身土质填筑不均匀。现有堤防工程地质条件较差，历史上曾发生过险情，堤基总体为上部砂壤土、中间细砂、下部壤土的多层结构，局部为上部细砂，下部壤土的双层结构；堤基有易液化土层，工程地质条件以 C 类为主。堤（河）岸工程土层主要为粉、细砂、砂壤土、壤土，抗冲刷能力差，局部岸坡处于弯道处，弯道凹岸冲刷较为严重，形成多处险工段，属于稳定性较差岸坡。

8.2.4 工程现状

1. 建筑物现状

（1）堤防现状。堤防沿线迎水坡均设置浆砌石防护。依据《永定河卢沟桥—梁各庄段河道整治初步设计报告》（水利电力部天津勘测设计院，1987 年 6 月），浆砌石护坡由堤顶护砌至设计洪水位以下 8m。由于年久失修、老化，现状浆砌石护坡局部存在塌陷、裂缝以及剥蚀破坏现象（见图 8-1、图 8-2），防洪能力相应降低。

背水坡坡面种植杨树，结构完整，未见滑坡、裂缝以及塌陷（见图 8-3）。堤防现状背水坡设置混凝土排水槽，间隔 50m，槽内淤积严重，部分结构存在损坏，已基本丧失排水功能。

图8-1　现状迎水坡浆砌石护坡

图8-2　现状浆砌石护坡局部开裂

图8-3　现状背水坡种植杨树

永定河河道宽浅多滩，植被稀疏，靠近堤防处有部分耕地，地表普遍分布耕植土（厚度0.3～0.5m），其下地层主要为粉细砂等；河道中心处，坑洼不平，见有部分采砂坑；河道范围内，浅层以粉细砂为主，深处见有壤土。本段河道治理段，已全部采用浆砌石护砌，大部分岸坡较缓，基本为稳定岸坡；局部岸坡处于弯道处，为稳定性较差岸坡。河道现状边坡坡比为1:2～1:2.5，现状岸坡土质为细砂，稳定性及抗冲刷性差。治理段下游部分现状岸坡弯道较多，弯道凹岸冲刷较为严重。综上所述，永定河堤岸属于稳定性较差岸坡。

（2）控导建筑物现状。本工程治理范围内控导建筑物主要为丁坝与导流排，总计丁坝19座，导流排24座。

丁坝与堤防迎水坡连接，采用砂壤土堆筑，外坡采用干砌石护面（见图8-4）。2座丁坝存在冲坑塌陷，坝头距河槽较近，存在安全隐患（见图8-5）。有两处丁坝被村民用作下堤道路，毁坏严重（见图8-6）。

图8-4　丁坝

图8-5　丁坝冲坑塌陷

导流排采用钢筋混凝土结构,均存在不同程度老化、开裂、钢筋锈蚀现象。由于滩岸遭受生态补水水流冲刷,长城险工段导流排基础裸露。

2. 河床、河滩现状

河槽内砂坑遍布,坑洼起伏,河床干涸,沙床裸露,生态恶化,河道生态功能缺失。2020年生态补水后,河道内砂坑内存在不同程度积水、连接成片,形成较大水面(见图8-7)。

图8-6 现状丁坝用作下堤路　　　　　图8-7 现状河床

右侧滩地大部分被附近村民开垦种植农作物与果树。由于河道盗采砂料,导致右侧局部滩地河坎线距离堤脚与控导建筑物较近。2020年生态补水期间,水流对长安城险工段右侧滩地冲刷严重,造成滩地导流排基础裸露,冲刷线逼近堤脚,对堤防安全造成严重威胁(见图8-8)。

该段河道左侧滩地大部分属于北京市大兴区,现均已种植林木。涿州市管理范围的左侧滩地大部分为基本农田,其他区域被附近村民开垦种植农作物(见图8-9)。

图8-8 现状右侧滩地　　　　　图8-9 现状左侧滩地

3. 交通现状

涿州段堤防外侧上堤路共7条,与对岸北京大兴区连接路共3条。现状上堤路路面结构完整,可满足堤防日常维护与防汛要求(见图8-10)。现状连接路沿河槽地形铺设,与河槽交叉处未修建跨河桥,均为漫水路。2020年永定河春季补水过程中对连接路造成冲毁，无法通行（见图8-11）。

图8-10　现状堤图　　　　　　　　　　　图8-11　现状连接路

堤顶现状铺设堤顶路，桩号Y0+000至Y7+345段为混凝土路面，路面宽度为4～6m；桩号Y7+345至Y7+902段为沥青混凝土路面，路面宽度为4～6m。由于混凝土路面段运行时间较长，斑块剥离部位多，范围大，纵、横开裂现象严重（见图8-12）。沥青路面运行时间较短，路面整体较为完整，路面破坏以局部滑移裂缝、波浪破坏为主（见图8-13）。

图8-12　现状Y0+000至　　　　　　　　图8-13　现状Y7+345至
Y7+345段混凝土堤顶路　　　　　　　　Y7+902段沥青混凝土堤顶路

8.2.5　现存问题

1. 部分河段防洪能力不足

永定河是全国四大重点防洪江河之一，其中永定河左堤是保卫北京防洪安全的西部防线，防洪任务十分重大。多年来，按照"上蓄、中疏、下排、适当地滞"的海河流域防洪治理方针，国家对永定河进行了多次整治，流域防洪工程体系初步形成，防洪标准基本达到100年一遇，但部分河段仍然存在防洪隐患，永定河泛区安全设施不健全，周边洪水灾害风险较大，同时流域部分河道采沙影响河势稳定等。此外，永定河已多年未发生大洪水，现有防洪工程缺少洪水检验，洪涝风险依然存在。

2. 建筑物存在防洪隐患

堤防安全超高不足，堤防迎水坡浆砌石防护经过多年冻融、风化破坏，造成现状部分堤段浆砌石护坡存在塌陷、裂缝以及基础悬空等现象，防洪能力相应降低，形成防洪薄弱环节，加之沙质河床游荡性强，对堤防安全造成威胁；由于河道盗采砂料，导致现状右侧滩地局部河坎线距离堤脚与控导建筑物较近，对堤防与控导建筑物安全造成威胁；控导建筑物损坏严重，现状部分丁坝被用作下堤道路，堤坡被碾压变形，裹头发生坍塌。

同时，永定河右堤堤身土体主要为人工填土，成分以重粉质砂壤土、轻粉质砂壤土为主；堤防填筑料塑性指数接近于下限，含水率低，黏粒含量偏低，压实度低，渗透系数偏大，堤身土质填筑不均匀。堤（河）岸工程土层主要为粉、细砂、砂壤土、壤土，抗冲刷能力差，局部岸坡处于弯道处，弯道凹岸冲刷较为严重，形成多处险工段，属于稳定性较差岸坡。

3. 生态功能退化

永定河现状污染物严重，生态能力不足。京津冀晋四省市现状水功能区主要污染物COD、氨氮年均入河量分别超过纳污能力 1.5 倍、7.6 倍，41 个水功能区中只有 11 个达标，达标率 26.8%，水质为 V 类和劣 V 类的河长达 52% 以上。永定河大部分河段由于入河污染物尤其是面源污染缺乏有效控制，加之点源污染监控不够，常年超纳污能力排放，水质长期处于恶化状态。同时，永定河上游水源涵养能力差，水土流失依然严重，仍有1.5 万 km² 需要治理；森林覆盖率 20.8%，未达到全国平均水平 21.63%，流域内河湖、湿地率仅 2%，与全国平均水平的 5.6% 相比有较大差距。同时，生态用水被大量挤占，下游平原河道 1996 年后完全断流，平均干涸长度 140km，局部河段河床沙化，地下水位下降，地面沉降。2000 年后河口入海水量锐减，较多年平均减少了 97.5%。

4. 区域协同管理能力薄弱

目前，永定河管理以行政区域为主，但存在标准不统一、发展不协调问题。现有水资源利用、保护等方面的合作多以一事一议为主，尚未建立跨区域跨行业的议事协调机构，缺乏健全的流域生态环境保护协作机制、涉水联合执法机制和水生态补偿机制。流域水量、水质、水生态、森林、湿地监测站点虽有布设，但各自为政，部分监测内容重复建设，缺乏区域一体化的水生态环境监测信息共享平台和生态环境监测预警机制。流域水生态应急响应机制仍需进一步完善，亟须通过深化改革实现协同管理。

8.2.6 治理规划

1. 治理目标

依据《永定河综合治理与生态修复总体方案》与《河北省永定河综合治理与生态修复实施方案》要求，通过对超高不足的部分堤防加高和重点险工治理，到 2020 年永定河防洪薄弱环节得到治理，重要防洪保护目标防洪安全得到有效保障。

2. 治理原则

（1）统一规划原则。本项目的建设，从全局出发，坚持创新、协调、绿色、开放、共享的发展理念的完美体现，落实京津冀协同发展战略要求。将能够保障永定河河道功能，改善永定河生态环境，保障永定河水系的防洪安全，防洪及社会经济效益较为显著，结合防洪工程进行堤防绿化、水保、生态建设等，对周边环境具有较大程度的改善。

（2）协调发展原则。永定河是贯穿京津冀生态功能区的天然走廊，是区域协同发展在生态领域率先突破的着力点。实施永定河综合整治，对堤防进行加高加固，完善防洪安全设施，消除防洪安全隐患，保障人民生命财产安全，对提高人民生活幸福感与促进京津冀协同发展重大国家战略的实施具有重要意义。

（3）因地制宜原则。结合永定河整体流域特点，综合考虑永定河地形特点、洪水特性、河道现状、气候因素、因地制宜地采用适合长效发展的生态修复机制。采用乡土物种为主，以绿代水的生态修复。

（4）资源保护原则。工程应实现资源合理利用，注重环境保护与水土保持，在满足工程需要的前提下，合理布置工程开挖回填区，尽量满足挖、填平衡，注重对生态环境的保护。

3. 依据文件

（1）《永定河综合治理与生态修复总体方案》（2016年12月）。

（2）《河北省永定河综合治理与生态修复实施方案》（2018年1月）。

（3）《海河流域综合规划（2012—2030年）》（水利部海河流域委员会，2013年）。

（4）《海河流域防洪规划》（水利部海河流域委员会，2008年）。

（5）《永定河流域防洪规划报告（河北省部分）》（河北省水利水电勘测设计研究院，2006年12月）。

（6）《永定河卢沟桥至屈家店河道主要设计条件的报告》（北京市水利规划设计研究院，2020年4月）。

（7）《北京新机场洪水影响评价报告》（中水北方勘测设计研究有限责任公司，2014年）。

（8）《关于划定主要行洪排沥河道和跨市边界河道管理范围的通告》（河北省人民政府，2013年9月）。

（9）《河北省平原行洪河道堤防等级标准》（2014年4月）。

（10）《永定河卢沟桥—梁各庄段河道整治初步设计报告》（水利电力部天津勘测设计院，1987年6月）。

（11）《永定河卢沟桥—梁各庄段河道整治初步设计修改说明》（水利电力部天津勘测设计院，1988年12月）。

（12）《永定河卢沟桥—梁各庄段右堤除险加固工程初步设计（河北省部分）》（河北省水利水电第二勘测设计研究院，1998年10月）。

（13）《海委关于河北省涿州市永定河综合整治工程可行性研究报告技术审查意见的函》（水利部海河水利委员会海规计函〔2020〕3号）。

（14）《关于河北省涿州市永定河综合整治工程可行性研究报告的批复》（涿州市发展和改革局涿发改投资〔2020〕20号）。

（15）《海委关于永定河卢沟桥至屈家店河道主要设计条件报告审查意见的函》（水利部海河水利委员会海规计函〔2020〕7号）。

（16）《河北省河道采砂坑整治技术指南》（冀水河湖〔2019〕13号）。

（17）河北省涿州市永定河综合整治工程勘察设计合同。

4. 遵循的主要规程、规范

（1）《水利工程建设标准强制性条文》（2020年版）。

（2）SL 619—2013《水利水电工程初步设计报告编制规程》。

（3）GB 50201—2014《防洪标准》。

（4）SL 252—2017《水利水电工程等级划分及洪水标准》。

（5）GB 50286—2013《堤防工程设计规范》。

（6）SL 260—2014《堤防工程施工规范》。

（7）SL 171—96《堤防工程管理设计规范》。

（8）GB 50007—2011《建筑地基基础设计规范》。

（9）SL 744—2016《水工建筑物荷载设计规范》。

（10）SL 191—2008《水工混凝土结构设计规范》。

（11）GB/T 50662—2012《水工建筑物抗冰冻设计规范》。

（12）GB 51247—2018《水工建筑物抗震设计标准》。

（13）SL 654—2014《水利水电工程合理使用年限及耐久性设计规范》。

（14）GB 50707—2011《河道整治设计规范》。

（15）SL 386—2007《水利水电工程边坡设计规范》。

（16）CJJ/T 218—2014《城市道路彩色沥青混凝土路面技术规程》。

（17）CJJ 169—2012《城镇道路路面设计规范》。

（18）JTG B01—2014《公路工程技术标准》。

（19）JTJ D30—2015《公路路基设计规范》。

（20）JTG D50—2017《公路沥青路面设计规范》。

（21）JTG F40—2004《公路沥青路面施工技术规范》。

（22）JTG D40—2011《公路水泥混凝土路面设计规范》。

（23）JTG C30—2015《公路工程水文勘测设计规范》。

（24）JTG D60—2015《公路桥涵设计通用规范》。

（25）JTG 3362—2018《公路钢筋混凝土及预应力混凝土桥涵设计规范》。

（26）JTG 3363—2019《公路桥涵地基与基础设计规范》。

（27）JTG/T B02-01—2008《公路桥梁抗震设计细则》。

（28）JTG C30—2015《钢结构工程施工质量验收规范》。

（29）JTG D64—2015《公路钢结构桥梁设计规范》。

（30）GB 50017—2017《钢结构设计标准》。

（31）JGJ 94—2016《建筑桩基技术规范》。

（32）CJJ 82—2012《园林绿化工程施工及验收规范》。

（33）CJJ 75—97《城市道路绿化规划与设计规范》。

（34）CJJ/T 91—2017《风景园林基本术语标准》。

（35）CJJ/T 85—2017《城市绿地分类标准》。

（36）CJ/T 34—91《城市绿化和园林绿地用植物材料　木本苗》。

（37）CJ/T 135—2001《城市绿化和园林绿地用植物材料　球根花卉种球》。

（38）GB 50420—2007《城市绿地设计规范》。

（39）DB J08-53—2016《行道树栽植技术规程》。

（40）GB 15618—2018《土壤质量环境标准》。

（41）其他现行有关规程、规范。

5. 治理范围和工程规模

永定河为涿州市与北京市大兴区界河，自北京市房山区韩营村流入涿州市境内，自长安城村南出涿州入固安县境。本工程治理范围上游起点为涿州市与北京市房山区行政交界，下游终点为涿州市与固安县行政交界处，河道治理长度为7.76km，堤防治理长度为7.9km。垂直河道方向治理范围由涿州市与北京市大兴区行政边界至右堤背水坡坡脚外侧33m处。

根据SL 252—2017《水利水电工程等级划分及洪水标准》，堤防工程等别为Ⅰ等，工程规模为大（1）型。依据《永定河流域防洪规划报告（河北省部分）》与《海河流域防洪规划》，确定永定河涿州段设计防洪标准为100年一遇。

6. 治理标准

（1）防洪标准。永定河卢沟桥—梁各庄段右堤主要保护对象为京广铁路、京石高速、北京房山区、河北涿州市，保护区面积为3309km²，保护区人口217.76万人，保护耕地19.63万hm²。

根据GB 50201—2014《防洪标准》，并结合《海河流域防洪规划》与《海河流域综合规划（2012—2030年）》规划要求，确定涿州段右堤防护等级为Ⅰ级，防洪标准为100年一遇。

（2）抗震标准。根据GB 18306—2015《中国地震动参数区划图》及GB 50011—2010《建筑抗震设计规范》（2016年版）划分，工程区抗震设防烈度为Ⅶ度，中软场地，场地类别为Ⅲ类，场地地震动峰值加速度调整为0.1725g，设计反应谱特征周期调整为0.55s。

7. 治理内容

本工程在充分分析永定河涿州段现状存在的问题，并结合涿州市发展需求，确定永定河涿州段建设内容。

（1）堤防加高加固。对涿州段右堤3890m安全超高不足堤段进行复堤加高；对迎水坡浆砌石防护破损部位拆除重建。

（2）堤顶路与连接路拆除重建。对现状堤顶路进行拆除，重新铺设堤顶路7.9km，采用沥青混凝土路面，路面宽6m；对现状3条两岸连接路进行拆除，重新铺设连接路3条，共计1.96km，采用水泥混凝土路面，路面宽5m。两岸连接路与主槽交叉段采用漫水桥形式。

（3）河槽疏挖整治。对治理范围内河槽进行疏挖，连通上下游补水通道。疏挖长度为6.2km。

（4）砂坑治理。对河槽内连接成片、深度较大砂坑采用微地形改造与生态修复相结合措施对现状砂坑进行治理，总计治理面积79.2hm²。其他深度较小砂坑，结合河槽疏挖进行回填平整。

（5）右侧滩地修复。顺应现状河道走势，对右侧滩地进行回填修复，并对长安城险工段受水流顶冲严重的0.8km坝坎及滩地设置格宾石笼防护。

（6）控导建筑物加固。对治理范围内19座丁坝坝头设置格宾石笼防护，并坝体表面进行覆土绿化。

（7）修建生态步道。在堤防迎水坡覆土部分顶部修建生态步道7.9km。

（8）生态修复绿化。对堤顶、迎水坡、滩地、丁坝坡面以及河槽内进行生态修复绿化工程，总计绿化面积为202.6hm²。

（9）绿化灌溉工程。为满足灌溉系统对水质要求，降低水质处理成本，延长灌溉系统使用寿命，设计通过取用生态补水渗入砂层中水量进行灌溉。设计建设在右侧滩地喷灌系统，同时配备绞盘式喷灌机、水罐车以及洒水车为喷灌系统无法覆盖区域提供灌溉。

（10）智慧水务工程。本工程治理永定河涿州段右岸约7.9km，在重点位置设置水质、水位、流量、雨量1处，中控室设在永定河公司廊坊分公司，通过沿河道右岸堤顶路敷设光缆建立中控室与各监测点之间的数据通信，并建立无线通信作为重要水文数据的备用传输通道。中控室预留与总控中心的通信接口。

8.3 防洪能力建设

8.3.1 历史洪涝灾害

永定河上游河北省所辖地区，由于受河道状况、地形条件以及工程情况的影响，洪涝灾害频繁。由于洋河、桑干河及其主要支流均为山区河道，具有一般山区河道特点，即洪水来势猛、过程短，山口以下河床逐渐变宽，河道比降变缓，冲淤变化很大，加之河道堤防比较简陋且没有形成系统，使上游较大洪水宣泄不畅，进而漫溢成灾。

永定河流域上游的灾情，洋河主要形成在怀安、万全、怀来、宣化等地，其中受影响最大的是怀来县。桑干河洪灾主要发生在涿鹿县，且由于县城位于桑干河山峡出口，上游的较大洪水几乎都对县城构成威胁。永定河上游历年洪灾情况见表8-1。

表8-1　　　　　　　　　　永定河上游历年洪灾情况表　　　　　　　　　单位：万亩

年度	洪灾面积	年度	洪灾面积
1952	13.8	1976	23.1
1953	32	1978	39.8
1954	54.3	1979	54.5
1956	31.2	1984	28.33
1964	10.3	1985	23.51
1967	33.9	1986	24.15
1972	18.2	1988	74.87
1974	75.4		

永定河流域中下游地区，近现代损失严重的暴雨洪水有1939年和1956年。1939年7月24—29日，受台风影响，永定河流域发生了大暴雨，中心位于官厅山峡。据实测雨情资料记载，三家店25日1d雨量为234mm，24—26日3d雨量为372.5mm，25—29日5d

雨量为 461.6mm。由于本次暴雨历时长、范围广、强度大，形成了特大洪水，永定河卢沟桥 7 月 25 日的洪峰流量 4390m³/s，洪水冲倒卢沟桥石栏杆，桥面过水，并经小清河漫溢 2580m³/s 洪水进入大清河北支，永定河下游多处决口，洪水在武清县境内漫过京山铁路，铁路两侧一片汪洋，大量的耕地和村庄被淹，死伤惨重；天津市被洪水围困达一个半月，受灾人口 80 万，被淹 15.8 万户，经济损失巨大。

1956 年 8 月 2—4 日，受台风的影响，永定河官厅山峡青白口发生了降雨量为 400.8mm 的暴雨。由于本次暴雨历时长、范围广、强度大，使得中下游地区发生了大的洪水，青白口站 8 月 3 日的洪峰流量为 602m³/s，三家店和卢沟桥 8 月 3 日的洪峰流量分别为 2640m³/s 和 2450m³/s，洪水造成了下游永定河左岸麻各庄决口，经济损失巨大。

8.3.2　治理沿革

永定河的防洪措施，在历史上多以筑堤为主，在靠大溜的险工段一般都有防护工程，除卢沟桥上下游左右岸筑有部分石堤外，其他险工段采用柴埽防护。筑堤防护始于金代，盛于明代，明代主要筑堤以保卫京城；清代工程规模较大，还提出"筑堤束水，以水攻沙"的理论；民国期间拟定了《永定河治本计划》，但未能实施。1189—1192 年修建了卢沟桥。

自金代开始，经过多次治理，形成了永定河的南遥堤和北遥堤。清代期间永定河基本在贺尧营以下至北运河区间的南北遥堤之间泛滥，形成大三角淀，俗称浑河套。直到民国初大体未变。

永定河进入大三角淀后，经历代泛滥，形成南、中、北三泓。先是走南泓，由调河头起，经葛渔城，由王庆坨、三河曾、青光、韩家墅至唐家湾汇入北运河。南泓淤高后，改走调河头、葛渔城、六道口、汉沽港、双口至屈家店入北运河，为中泓。中泓淤高后改走响口北、黄花店、北遥堤南，到老米店以南汇入北运河，为北泓。历代以来，随着永定河的泛滥淤积，或走南泓或走北泓或走中泓，任其荡流，变迁不定。但基本处于南北遥堤之间。距今最近的一次大的变迁是 1939 年。该年大洪水，永定河通过流量 4665m³/s，在左堤梁各庄处决口。洪水进入北遥堤以北，造成永定河的变迁改道。经历这次洪水，永定河在老淀区北遥堤以北、龙河以南形成了新泛区，即现今的永定河泛区，南北宽 15km，东西长 60km。后来，针对新泛区进行了整治，以原来的北遥堤作为新泛区的南堤，北面加筑了新北堤，同时在落堡以下距京山铁路 50m 处加筑了护路堤。新泛区内，没有固定河槽，任意漫流，一些村庄群众陆续搬迁。中华人民共和国成立后，在党中央和国务院的关怀重视下，对永定河进行全面规划、综合治理。1956 年开始修建砖石护岸如石坝、石笼等工程，海河流域"63·8"大水后，北京市及河北省将境内河段改建成永久性浆砌石护岸，各险工段还建有坝、护堤工程，使中下游的防洪标准提高到 50 年一遇。

1949 年，永定河左岸自石景山至北天堂为石堤，北天堂以下为土堤，右堤自阴山嘴至大宁为石堤，大宁以下为土堤。

为减轻洪水对京山铁路的威胁，减少泛区及龙河流域受淹面积，缓解堤防险工的险情，避免永定河夺忙牛河入大清河，并缩短洪水在泛区的停滞时间，1950 年组织完成了包括铁路防护堤培修、修筑龙河南堤、梁各庄上游裁弯及下游挑挖引河与堤防修筑等四项工程；1951 年汛前完成了中、下游堤防整理工程、培修泛区新北堤（防护堤）、泛区新北堤护岸，新建长挑坝和透水坝等、疏浚城上引河护岸以及加固护麦埝。

1952—1965 年连续做了堤防整修加固工程为缓解洪水对石景山电厂、丰山铁路和北京市的威胁。为了控制、引导永定河的河势，1959—1961 年，根据永定河治理"三固一束"的原则（即固定险工、固定河槽、固定滩地、束窄河道），在永定河卢沟桥以下河段实施了治导工程，按 $2500\mathrm{m^3/s}$ 的标准，划定治导线位置，修建土石丁坝 114 条等。1969 年 5 月新筑了石景山至麻峪段的左堤，又加固了庞村和衙门口的堤防基础；1973 年 10 月，实施了三家店—卢沟桥河段的部分堤防改线、堤顶加高、堤脚加固等工程；1977 年实施了卢沟桥至梁各庄段的左堤堤顶加高工程。与此同时还修建了傅各庄至落垡北的护路堤；1983 年秋，实施了卢沟桥至双峪路口基础加固、部分堤段的加高及延长，同时还做了部分河段的堤戗加固和加长等工程；20 世纪 90 年代以后，根据河道堤防险工情况，陆续完成了堤防加固及堤坡防护等工程。

8.3.3 现状防洪体系

1953 年修建了官厅水库，基本控制了永定河上游洪水，100 年一遇洪水泄量不超过 $600\mathrm{m^3/s}$，削减洪峰 90%，减轻了下游河道洪水压力。为保障北京市防洪安全，对三家店至卢沟桥左堤按可能最大洪水设防，修建了卢沟桥节制闸和小清河分洪闸及大宁滞洪水库，并对卢沟桥—梁各庄段河道堤防进行了多次整修，游荡性河段堤防进行了全面护砌；永定河泛区堤防也得到了加高和加固；新开辟了永定河入海尾闾——永定新河，扩建了屈家店水利枢纽。此外，在永定河上游支流桑干河和洋河上分别修建了册田和友谊两座大型水库。

8.3.4 堤防加高加固工程

1. 安全超高

根据安全超高计算公式可知，影响堤防安全超高的主要因素包括：风速、风向、风区长度、风向与堤轴线法线方向的夹角及水域平均水深。本工程治理区段较短，风速、风向采用定值；本工程治理区域内河槽相对较窄，滩地占比较大，风向为东南风，横穿河道，风区长度变化较大，水域平均水深变化不明显，因此断面选取时不再考虑水域平均水深影响，仅考虑风区长度、风向与堤轴线法线方向的夹角对选择堤防安全超高计算断面影响。

根据现状堤防防洪安全复核成果，现状堤防桩号 Y2+891～Y3+179 段、Y3+879～Y4+109 段、Y4+479～Y5+651 段以及 Y5+702～Y7+902 段不满足超高要求。

根据工程实测平面图，选取堤防桩号 Y1+000、Y4+150、Y5+500 断面作为堤防安全超高计算断面，见表 8-2。

表 8-2 堤防安全超高计算结果

计 算 桩 号	Y1+000	Y4+150	Y5+500
风区长度/m	3000	1600	900
风向与堤轴线的法线的夹角/(°)	70	45	10
平均水深/m	2.60	3.10	4.10
计算波长/m	8.91	7.71	6.36

续表

计 算 桩 号	Y1+000	Y4+150	Y5+500
平均波高/m	0.30	0.25	0.21
风壅高度/m	0.02	0.02	0.01
波浪爬高/m	0.67	0.66	0.63
安全加高/m	1.00	1.00	1.00
坝顶超高/m	1.68	1.67	1.64

根据以上计算结果，为确保永定河涿州段防洪安全，设计堤防安全超高为1.7m。

2.结构设计

堤防断面图见图8-14。堤防完工图见图8-15。

设计加高堤段堤顶顶宽为9m，两侧坡比为1:3。按黏性土填筑标准进行土料填筑控制指标，碾压后压实度不小于0.96。

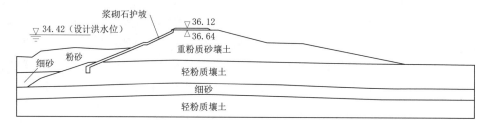

图8-14 堤防断面图（单位：m）

图8-15 堤防完工图

根据实际情况，通过选用合适的施工机械与施工方法，同时通过现场试验选定最优含水率，以确保堤防加高部分土料碾压后压实度不小于0.96。

3.稳定计算

（1）渗流稳定计算。允许水力比降：堤防填筑材料及堤基材料的允许水力比降见表8-3。

计算工况：根据 GB 50286—2013《堤防工程设计规范》中的相关规定，选取以下水位组合进行堤防渗流稳定计算分析。

表8-3 各土层允许水力比降表

地质单元	重粉质砂壤土	粉砂	细砂	轻粉质砂壤土	细砂	轻粉质壤土
$J_{允许}$	0.35	0.15	0.18	0.30	0.20	0.35
渗透系数/(cm/s)	2.36×10^{-3}	7.6×10^{-4}	3.6×10^{-3}	1.1×10^{-3}	1.1×10^{-3}	3.9×10^{-6}

注：$J_{允许}$为允许水力坡降。

1）临水侧为100年一遇洪水位稳定时，背水侧为无水；

2）临时侧为100年一遇洪水位降落时，背水侧为无水。

计算方法：渗流稳定分析计算采用河海大学工程力学研究所开发的《水工结构分析系统》AutoBank7.7程序进行计算。

计算结果：根据渗流稳定计算结果及地质提供的资料，断面浸润线出逸高度均很小，最大渗流比降小于允许水力坡降值，加高后堤防各部位均满足渗透稳定要求。

（2）抗滑稳定计算。安全系数见表8-4。

表 8 - 4　　　　　　　　　　　简化毕肖普法安全系数

堤防工程等级	正常运用条件	非常运用条件Ⅰ	非常运用条件Ⅱ
1	1.50	1.30	1.20

计算工况：根据《堤防工程设计规范》中的相关规定，选取以下工况进行堤防稳定计算。

1）正常运用条件工况：①100年一遇洪水位下稳定渗流期的背水侧堤坡；②100年一遇洪水位骤降期的临水侧堤坡。

2）非常运用条件工况：①非常运行条件Ⅰ：加高后堤防不挡水时的临水侧与背水侧堤坡；②非常运行条件Ⅱ：加高后堤防不挡水时遭遇地震。

计算方法：堤防结构稳定分析计算采用河海大学工程力学研究所开发的《水工结构分析系统》AutoBank7.7程序，采用简化毕肖普法进行计算。

计算结果：根据抗滑稳定计算结果及地质提供的资料，背水侧、临水侧堤防稳定计算最小安全系数均处于允许值范围内，加高后堤防在各工况下堤防抗滑稳定性均满足规范要求。

4. 防冲刷计算

根据《堤防工程设计规范》，按平顺护岸计算迎水坡冲刷深度。本次按照100年一遇洪水，洪峰流量为2500m³/s计算。设计分别对南北蔡险工、非险工段以及长安城险工段分别选取代表断面计算堤防冲刷深。计算公式如下：

$$h_s = H_0 \left[\left(\frac{U_{cp}}{U_c} \right)^n - 1 \right] \tag{8-1}$$

$$U_{cp} = U \frac{2\eta}{1+\eta} \tag{8-2}$$

式中：h_s 为局部冲刷深度，m；H_0 为冲刷处的水深，m；U_c 为泥沙启动流速，m/s；U 为行进流速，m/s；U_{cp} 为近岸垂线平均流速，m/s；n 为与防护岸坡在平面上的形状有关；η 为水流流速不均匀系数，按表8-5取值。

表 8 - 5　　　　　　　　　　　堤防冲刷计算表

桩　号	冲刷处的水深/m	泥沙启动流速/(m/s)	行进流速/(m/s)	n	η	冲刷深度/m
Y0+968	1.98	0.30	1.54	0.25	1	1.00
Y6+210	2.10	0.30	1.06	0.25	1.25	0.86
Y7+815	3.06	0.33	2.01	0.25	1.5	1.97

经计算，南北蔡险工段冲刷深为设计洪水位以下 2.98m，非险工段冲刷深为设计洪水位以下 2.96m，长安城险工段冲刷深为设计洪水位以下 5.03m。现状堤防迎水坡沿线均设置浆砌石防护，埋深为设计洪水位以下 8m，满足冲刷深度要求。

5. 堤防排水设施

现状堤防排水设施为混凝土排水槽，槽内淤积严重，部分结构存在损坏，已基本丧失排水功能。设计在堤顶路右侧结合堤顶路路缘石设置排水沟。根据《堤防工程设计规范》并结合现状排水设施设置情况，设计排水沟间距为 50m。堤顶路与排水沟衔接处不设置路缘石，预留排水口，排水沟进口与衔接处路面齐平。排水沟沿背水坡地形铺设至坡脚，出口处设置雨水散排池，防止外排雨水对周围造成冲刷破坏。施工图见图 8-16。

图 8-16　堤防排水设施施工图

设计排水沟采用混凝土矩形槽，槽深 30cm，宽 40cm，两侧壁厚 10cm，底部厚 15cm。排水沟槽底铺设 10cm 厚混凝土垫层。

雨水散排池采用混凝土结构，为方形漏斗状，深 60cm，底部尺寸为 80cm×80cm，边坡坡比为 1∶1，开口尺寸为 200cm×200cm。雨水散排池侧壁与底部厚度均为 15cm，外侧铺设 10cm 厚混凝土垫层。

排水沟与雨水散排池混凝土强度等级为 C25，垫层强度等级为 C15。

8.3.5　河槽疏挖整治工程

1. 平面布置

河槽疏挖范围上游与北京平原南段规划主槽衔接，下游与固安段疏挖后主槽衔接。根据 2020 年生态补水过程中水流方向并结合河槽内现状地形与砂坑分布情况，疏挖后主槽与连接成片砂坑连通，并确保上下游自然衔接，以此确定河槽两侧疏挖控制线。河槽桩号 H0+000～H1+585 段输水通道位于北京平原南段治理范围，河槽自桩号 H1+585 处与北京平原南段输水通道衔接，下游与固安段主槽衔接，疏挖长度为 6.2km。

2. 疏挖规模

遵照河道流势，结合 2020 年生态补水情况，并协调涿州段与上下游河槽整治标准，确定河槽疏挖标准为疏挖断面过流能力为 60m³/s。

3. 纵断面设计

设计河槽疏挖后上游端与北京平原南段衔接，相接处底高程为 31.87m；下游端与固安段衔接，相接处底高程为 27.87m。根据各疏挖段地形条件，确保疏挖断面满足生态补水需要以及缩减生态补水水面面积的目标。

河槽桩号 H1+585～H1+628 段维持现状，桩号 H1+628～H1+960 段纵坡为 5.5‰、H1+960～H2+178 段纵坡为 0.1‰、H2+831～H3+122 段纵坡为 0.12‰、H3+122～H3+223 段纵坡为 −1.1‰、H3+223～H3+477 段纵坡为 4.7‰、H3+477～H3+835 段纵坡为 0.12‰、H5+018～H5+221 段纵坡为 0.1‰、H5+685～H6+886 段纵坡

为 0.08‰，H6＋886～H7＋762 段纵坡为 0.1‰。纵断面图见图 8-17。

桩号	H5+47	H5+52	H5+57	H5+63	H5+68	H5+73	H5+78	H5+82	H5+86	H5+91	H5+97	H6+02	H6+07	H6+13	H6+17	H6+22	H6+28	H6+33	H6+38	H6+43	H6+48	H6+53	H6+58	H6+63	H6+68	H6+73	H6+78	H6+83	H6+88	H6+92	H6+98	H7+03	H7+08	H7+12	H7+18	H7+22	H7+28	H7+32	H7+43	H7+49	H7+54	H7+59	H7+64	H7+69
设计右滩高程																													31.63	31.47	31.83	31.03	31.63	31.83	31.03	31.00	31.00	31.00	31.00	31.00	31.00	31.00	31.00	31.00
现状右滩高程	33.41	33.49	33.59	33.53	33.58	33.52	34.23	33.93	33.22	33.54	33.47	32.15	32.63	32.72	32.63	32.73	32.05	31.76	31.81	31.19	31.90	31.58	31.74	31.63	31.83	31.03	31.63	31.05	31.00	29.97	29.82	29.93	30.20	29.82	29.85	31.00	29.85	29.96	29.85					
现状左滩高程	32.09	32.04	32.22	32.50	32.38	32.32	31.00	31.24	30.65	32.62	32.86	32.98	33.31	33.12	33.22	32.30	32.83	32.38	31.33	31.64	31.54	31.50	31.15	31.16	31.44	31.84	31.28	31.49	31.41	31.49	31.51	31.28	31.37	31.26	31.22	31.11	31.18	31.48	30.42	30.93				
设计生态水位	29.36	29.36	29.36	29.35	29.36	29.35	29.35	29.35	29.34	29.35	29.34	29.34	29.31	29.34	29.31	29.33	29.33	29.32	29.32	29.31	29.30	29.31	29.29	29.29	29.29	29.28	29.28	29.28	29.27	29.27	29.26	29.26	29.23	29.23	29.16	29.11	29.08	29.07	29.06					
深泓线高程	21.85	24.21	24.15	27.42	25.09	25.04	26.71	27.97	27.31	27.55	27.61	25.12	27.02	28.62	28.06	28.88	27.92	27.65	28.22	27.77	27.88	27.91	28.05	27.50	26.64	26.15	26.83	27.26	26.12	26.12	27.82	27.61	28.14	26.12	27.61	26.85	27.89	26.85	26.91	26.57				
设计河槽底高程	28.05	28.05	28.05	28.04	28.04	28.03	28.03	28.02	28.02	28.01	28.01	28.00	27.99	27.99	27.98	27.98	27.97	27.97	27.96	27.96	27.95	27.94	27.94	27.93	27.93	27.92	27.92	27.91	27.90	27.90	27.89	27.89	27.88	27.88	27.87									
设计河槽底纵坡					i=0.08‰																									i=0.1‰														

图 例

设计右滩高程 ——————
现状右侧滩地 ——————
现状左侧高程 ——————
设计水位 ——————
现状河槽底高程 － － － － －
设计河槽底高程 ——————

图 8-17 河槽疏挖工程纵断面图（单位：m）

4. 横断面设计

根据现状河道内地形条件与疏挖范围对设计河槽底宽进行调整，河槽底宽为 70～150m。设计对疏挖范围内河槽按设计底高程进行疏挖，低于设计高程区域放缓边坡，不进行回填。河槽疏挖边坡坡比为 1:5。横断面图见图 8-18。

河槽疏挖工程施工图见图 8-19。

8.3.6 右侧滩地修复工程

1. 河坎线规整

右侧滩地受盗采砂料的破坏，现状河坎线距离堤脚与较近，对堤防安全造成影响。同时，河坎线凹凸起伏，走向曲折，不利于有效控导水流。

设计右侧滩地修复结合河槽疏挖进行布置。对河槽右侧疏挖控制线与堤防之间遭受破坏区域回填至与周边滩地齐平。本工程右侧滩地修复范围为河槽桩号 H0＋407～H1＋265、H1＋628～H1＋978、H3＋122～H3＋628 以及 H6＋886～H7＋762 段。回填指标按相对密度控制，不得小于 0.60。右侧滩地修复工程部分设计图见图 8-20。

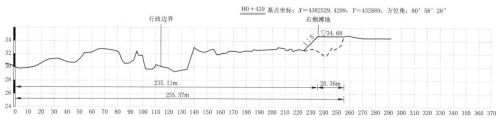

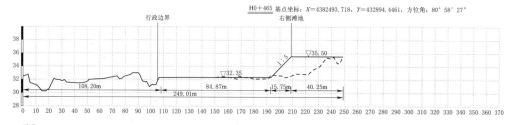

说明：
1. 图中坐标系统为2000国家大地坐标系，高程系统为1985国家高程基准，单位均为m；
2. 桩号H0+407~H1+265，以现状右侧滩地高程为基准，对右侧滩地进行修复，设计边坡1:5，并与上下游平顺连接；
3. 在设计右侧滩地边坡铺设土工生态防护网，坡顶与坡脚各水平铺设1m，并在边坡种植花草；
4. 滩地回填相对密度≥0.6；
5. 对回填及开挖区域清表，深度为20cm，清表土集中堆存；
6. 图中基点坐标对应基点为河槽中心线上的点，横断面距离标示0处为基点位置，正数为基点右侧，负数为基点左侧；
7. 图中标示方位角为横断面方向与正北向顺时针方向的夹角。

图 例
现状河槽地面线 ------
设计河槽轮廓线 ————

图 8-18　河槽疏挖工程横断面图

图 8-19　河槽疏挖工程施工图

设计河坎走向沿主流流势进行布设，河坎迎水坡坡比为1:5。河坎坡面铺设土工生态防护网，防止坡面径流冲刷破坏。完工图见图8-21。

2. 防护结构设计

参照《堤防工程设计规范》中平顺护岸冲刷深计算公式，该区段河槽冲刷深为2.75m。

设计格宾石笼厚度为40cm，右侧与堤防覆土培厚部分格宾石笼防护连接，左侧延伸至主槽底，埋深为3.5m。格宾石笼底部铺设250g/m^{2}土工布一道，两者之间铺设10cm碎石垫层。格宾石笼上部铺设50cm厚清表土，以利于生态修复。

8.3.7　控导建筑物加固工程

1. 丁坝结构修复

通过对项目区现场实地踏勘，现状Y1+410与Y1+880河段的丁坝坝身干砌石损坏严重，设计对其进行修复。丁坝顶高程、长度与走向维持不变。设计Y1+410的河段丁坝修复后顶宽为3m，坝身修复段砌石边坡1:3，需修复长度60m；Y1+616河段的丁坝维持现状顶宽，坝身砌石边坡为1:2，需修复长度为20m。

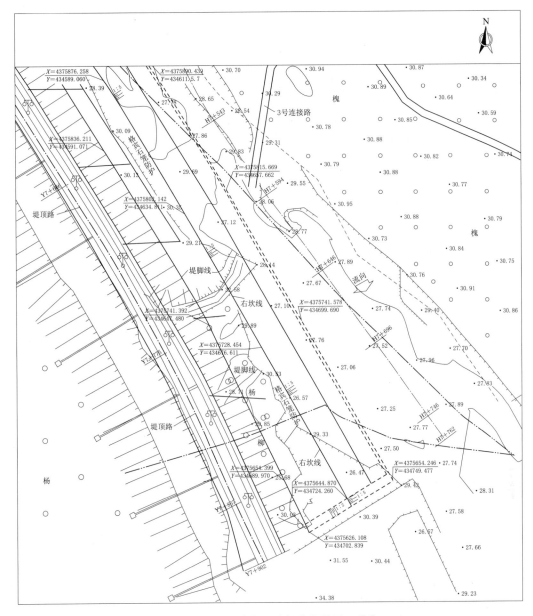

图 8-20 右侧滩地修复工程部分设计图（单位：m）

为便于丁坝外坡生态修复绿化，设计采
用河槽疏挖土料将丁坝两侧边坡放缓至 1：
3，土料碾压后相对密度不小于 0.65。为提
高丁坝生态治理效果，设计在丁坝表面进
行植草绿化。为提高植草成活率，在丁坝
坝顶、外坡及裹头防护外侧铺设改良土，
铺设厚度为 50cm。相关完工图见图 8-22、
图 8-23。

图 8-21 右侧滩地修复工程完工图

图 8-22 Y1+410 河段的丁坝修复完工图　　图 8-23 Y1+880 河段的丁坝修复完工图

2. 丁坝冲刷计算

本次按照 100 年一遇洪水，洪峰流量为 2500m³/s 计算。依据 GB 50268—2013《堤防工程设计规范》，本工程丁坝冲刷深度按以式（8-3）计算：

$$\frac{h_s}{H_0} = 2.80 k_1 k_2 k_3 \left(\frac{U_m - U_c}{\sqrt{gH_0}}\right)^{0.75} \left(\frac{L_D}{H_0}\right)^{0.08} \tag{8-3}$$

$$k_1 = \left(\frac{\theta}{90}\right)^{0.246} \tag{8-4}$$

$$k_3 = e^{-0.07m} \tag{8-5}$$

$$U_m = \left(1.0 + 4.8\frac{L_D}{B}\right)U \tag{8-6}$$

$$U_c = \left(\frac{H_0}{d_{50}}\right)^{0.14} \sqrt{17.6\frac{\gamma_s - \gamma}{\gamma}d_{50} + 0.000000605\frac{10 + H_0}{d_{50}^{0.72}}} \tag{8-7}$$

式中：h_s 为冲刷深度，m；k_1、k_2、k_3 为丁坝与水流方向的交角 θ、守护段的平面形态及丁坝坝头的坡比对冲刷深度影响的修正系数，$k_2 = 1.00$；m 为丁坝坝头坡率；U_m 为坝头最大流速，m/s；U 为行近流速，m/s；L_D 为丁坝的有效长度，m；B 为河宽，m；U_c 为泥沙起动流速，m/s；d_{50} 为床沙的中值粒径，0.002m；H_0 为行近水流水深，m；γ_s、γ 为泥沙与水的容重，分别取值 19.5kN/m³、9.8kN/m³；g 为重力加速度，取值 9.8m/s²。

3. 丁坝加固防护设计

为确保丁坝结构安全稳定，设计对 19 座丁坝坝头设置格宾石笼防护，厚度为 50cm。格宾石笼沿丁坝外坡铺设至坡脚，并在坡脚处设置水平防护段。为防止丁坝发生渗透破坏，设计在格宾石笼底部铺设 250g/m² 土工布一道，并在两者之间铺设 10cm 厚碎石垫层。

8.4 生态功能建设

8.4.1 现状生态环境

1. 河流生态

2005—2014 年的 10 年间，永定河主要河段年均干涸 121d，年均断流 316d。其中，三家店至卢沟桥段基本处于长期断流状态；卢沟桥至屈家店段基本全年干涸，河流生态严重退化；永定新河屈家店至防潮闸段受闸坝控制，常年蓄水。

近年来，永定河京津晋冀四省（直辖市）积极开展了生态建设实践，重点河段生态环境得到显著改善。北京市开展了永定河城市段生态治理，构筑了卢沟晓月、园博园等"五湖一线"滨河亲水生态景观，恢复河道水面面积 430hm²，建成绿地 352hm²。

2. 河湖、湿地资源

永定河流域河湖、湿地类型丰富，分布有河流、湖泊、近海与海岸湿地、沼泽湿地、人工湿地，总面积共计 8.29 万 hm²。随着湿地保护工程的实施，京津冀晋四省市湿地资源得到了较好的恢复与保护，湿地生态功能也得到稳定的发挥，但仍然存在泥沙淤积、土地沙化、生活生产垃圾、围垦等问题，威胁着湿地生态系统，亟须保护和恢复。

3. 野生动植物现状

永定河流域野生动植物资源较为丰富。区域内共记录到维管束植物 751 种，其中蔷薇科、豆科、蓼科、菊科种类最多，有国家Ⅱ级保护野生植物 1 种，即野大豆。

流域内鸟类总数达 280 种，以雀形目种类最多，占鸟类种数的 40%。兽类 29 种、两栖类 12 种、鱼类 40 种、昆虫类 182 种。有国家Ⅰ级保护野生动物 9 种，即黑鹳、东方白鹳、白头鹤、大鸨、金雕、白尾海雕、白肩雕、白鹤、遗鸥；国家Ⅱ级保护野生动物有大天鹅、苍鹰、猎隼、鸢等 40 种。

8.4.2 砂坑治理工程

1. 现存风险

依据《河北省河道采砂坑整治技术指南》（冀水河湖〔2019〕13 号）：1 级堤防上下游 330m，距堤脚 330m 范围内；险工（护岸）段上下游 300m，距险工（护岸）段前沿 300m 范围内砂坑均存在风险。

现状河道内砂坑遍布，大部分位于风险区域内，对堤防、险工（护岸）造成安全影响，对河道内生态造成严重破坏（见图 8-24）。局部砂坑边坡立陡，为失稳边坡，存在坍塌安全隐患。2020 年生态补水过程中，水域内砂坑边坡已发生倾倒、崩塌、坍塌、拉裂等失稳现象。同时对河道内水流流态造成影响，局部出现横流现象，对稳定河势与固定河槽影响颇为严重。

2. 治理措施

依据《河北省河道采砂坑整治技术指南》（冀水河湖〔2019〕13 号）中采砂坑治理要求，并结合工程区砂坑回填土方量较大的实际情况，本方案采用微地形改造与生态修复相结合措施对现状砂坑进行治理。

遵循合理控制工程投资的原则，并结合河槽疏挖工程布设，对河槽桩号 H2+178～

H2＋831、H3＋835～H5＋018 及 H5＋221～H5＋685 段连片砂坑进行微地形改造，形成大致平顺的盆地地形。河槽桩号 H2＋178～H2＋831 段砂坑治理面积 22.5hm²；桩号 H3＋835～H5＋018 段砂坑治理面积 48.2hm²；桩号 H5＋221～H5＋685 段砂坑治理面积 8.5hm²。工程总计治理砂坑面积 79.2hm²。其他未连接成片，深度较小的砂坑区采用微地形改造技术，进行平整并植草绿化。砂坑治理完工图见图 8－25。

图 8－24　现状砂坑

图 8－25　砂坑治理完工图

8.4.3　生态步道工程

1. 平面布置

根据工程总体布置要求，设计生态步道布置在迎水坡堤防覆土顶部，与堤顶路平行布设，间隔 2.0m。生态步道修建长度为 7.9km。

2. 结构设计

设计生态步道路顶与堤顶路顶齐平，路面宽度为 3.0m。路面结构由上往下依次为 50mm 厚 AC－10 细粒式彩色沥青混凝土，1.5L/m² PC－2 型透层沥青，180mm 厚水泥稳定级配碎石层，150mm 厚水泥稳定级配碎石底基层。生态步道两侧设置 C30 混凝土预制路缘石，规格尺寸为 1000mm×120mm×350mm。

3. 其他设施设计

（1）生态步道与堤顶路连接。为便于生态步道与堤顶路之间连接，设计间隔 200m 设置一处连接段。连接段采用 12cm 厚原色花岗岩砌筑，宽 1.2m，厚 12cm，顶部与生态步道齐平。连接段基础顶面压实度达到 90％，回弹模量不小于 15MPa。花岗岩砌块与基础之间由下往上依次铺设 20cm 厚碎石、30mm 厚水泥砂浆。连接段两侧设置 C30 混凝土预制路缘石，规格尺寸为 1000mm×120mm×350mm。

（2）生态步道与滩地连接。为便于生态步道与滩地之间连接，设计间隔 500m 设置一处下堤台阶。台阶采用 12cm 厚原色花岗岩砌筑，石料长 120cm，宽 50cm，高 12cm。相邻两级台阶重叠宽度为 8cm。台阶底部铺设 20cm 厚碎石基础，随后采用 1∶2 水泥砂浆找平、填缝。台阶两侧设置混凝土预制路缘石，规格尺寸为 1000mm×120mm×350mm。

（3）防护栏设计。设计在生态步道靠河侧路沿石外侧布置混凝土垛铁栅围墙，围墙高 1.8m。

生态步道完工图见图 8-26。

8.4.4　生态修复绿化工程

1. 绿化范围

在满足安全的防洪需求前提下，对治理范围内堤顶、迎水坡、滩地、丁坝以及河槽进行生态修复绿化。合理配置生态缓冲带、生态湿地及生态浅滩，塑造多样化亲水空间，营造丰富的景观。结合堤岸及边滩现状绿化，增加绿化品种，形成绿化带（片区）建设，绿化总面积 202.6hm²。

图 8-26　生态步道完工图

2. 绿化布置

堤顶路、迎水坡长约 7.9km，堤顶路绿化带面积约 4.46hm²，迎水坡绿化面积约为 11.49hm²。滩地、河槽绿化总面积约 110.64hm²。

3. 其他设施设计

（1）退耕还水工程。通过现场调查统计，现状河道内约 1398 亩被附近村民开垦为田地，大部分田地种植玉米、马铃薯、山药等一年生农作物，局部种植桃树。为提高滩地生态绿化率，修复河道生态功能，拟对田地进行回收，实施退耕还水工程，种植绿植，建设绿、堤融合的景观绿化带。

（2）游园路设计。为让群众近距离感受工程生态治理效果，在滩地铺设游园路，与下堤台阶连接。设计游园路路面采用 60mm 厚透水砖铺设，路顶与周边滩地齐平。游园路基础顶面压实度达到 90%，回弹模量不小于 20MPa。透水砖与基础之间由下往上依次铺设 120mm 厚级配碎石、30mm 厚粗砂垫层。游园路两侧设置混凝土预制路缘石，规格尺寸为 1000mm×120mm×350mm。

（3）便民服务设施。生态厕所：沿堤顶景观大道，根据服务半径 500m 的布置原则，约每公里设置一处生态厕所，每处 5 个蹲位，每处面积约为 12.5m²。生态厕所样式及颜色应与周边环境相协调，均采用成品订购。

木制廊亭：为给游人提供必要的休憩空间，沿堤顶绿道设置木制廊亭，采用一级樟子松防腐木，每处廊亭尺寸为 3.6m×9.6m，共设置 5 处。

生态修复绿化工程完工图见图 8-27。

8.4.5　绿化灌溉工程

1. 水源选择

绿化灌溉面积为 202.6hm²。根据 CECS 243—2008《园林绿地灌溉工程技术规程》，确定本工程绿化耗水强度为 4mm/d，同时考虑年降水补给，则生态绿化耗水量为 186.4 万 m³/a。

现状项目区附近无其他地表水与可利用再生水作为生态灌溉水源，本工程拟采用永定河上游生态补水作为该区域生态灌溉水源。通过对 2020 年生态补水调查，上游补水中含砂量大，其中悬移质较多，无法在短时间内沉淀澄清。为满足灌溉系统对水质要求，降低水质处理成本，延长灌溉系统使用寿命，设计通过取用生态补水渗入砂层中水量进行灌溉。

图 8-27 生态修复绿化工程完工图

2. 灌溉方案

设计采用集水坑对河道内地表渗水进行取水。为便于生态修复绿化工程后期灌溉维护，提高绿植成活率，本工程配备灌溉设施，降低生态绿化管理维护人工成本。

绿化区表层土壤大部分为粉细砂，透水性较强，且地形不规则，不适合大面积地面浇灌。本项目拟选用高效节水灌溉方式，以提高灌溉水利用率，确保水资源的合理使用。高效节水灌溉方式主要包括管灌、喷灌以及微灌。通过对高效节水灌溉方式的特点比较，并结合项目区地形、土壤条件以及绿化植物特性，本项目灌溉选定喷灌灌溉方式，并配备移动式喷灌机、水罐车及洒水车。

设计在集水坑内安装潜水泵，将水提升至堤顶，沿堤顶布设输水管道，每隔 100m 设置 1 处出水口，出水口接移动式喷灌设备。根据管道水力计算、水源水位以及地形条件，确定 1～7 号集水坑内各安装 200QJ-32-91 型潜水泵 1 台，8 号集水坑内安装 200QJ-32-104 型潜水泵 1 台，潜水泵电机功率均为 $P=15\text{kW}$。

3. 其他设施配套

为满足喷灌系统无法覆盖绿化区域灌溉需要，设计配备移动式喷灌机、水罐车及洒水车。

本工程堤顶路可作为运行维护管理道路，车辆移动便利，设计在堤顶路左侧设置给水设施。水罐车给水管道采用 DN150 钢管，沿堤顶每隔 2km 设置一处给水口，管道基础采用 C25 混凝土浇筑。

8.5 其他功能建设

8.5.1 堤顶路与连接路拆除重建工程

1. 堤顶路布置

现状堤顶路路面大部分为混凝土路面，少部分为沥青路面，宽 4～6m。北蔡村至长安城南侧段为混凝土路面，路面结构开裂破损严重；长安城南侧至涿州市与固安县交界段为沥青路面，路面结构存在开裂现象。设计对现状堤顶路路面进行拆除，拆除厚度为 40cm。

设计堤顶路沿现状路由铺设，铺设长度为 7.9km。堤防加高段，堤顶路沿加高后堤防纵坡铺设；堤防非加高段，堤顶路沿按设计要求平整后堤顶纵坡铺设。

2. 堤顶路结构设计

上堤路路面结构材料与现状一致，宽度维持不变。水泥混凝土路面厚 20cm，材料强度等级 C30，底部铺设 15cm 厚碎石垫层。变形缝设置要求：混凝土路面每隔 5m 设置一道假缝，宽 5mm，深 5cm；30m 设置一道通缝，宽 2cm，缝内塞填 2cm 厚聚乙烯闭孔泡沫板。沥青混凝土路面结构层与堤顶路相同。

3. 连接路布置图

为确保堤防加高后，上堤路与堤防能够自然衔接，设计对堤防加高段上堤路进行改造，涉及 001 乡道、屯子头村东侧上堤路、长安城村东上堤路以及长安城村南上堤路。001 乡道与屯子头村东侧上堤路改造长度各为 30m，长安城村东上堤路与长安城村南上堤路改造长度各为 50m。参照《堤防工程管理设计规范》，设计道路与堤顶路衔接段纵坡为 8%，其他路段随地形铺设，宽度与现状一致。

4. 连接路结构设计

上堤路路面结构材料与现状一致，宽度维持不变。水泥混凝土路面厚 20cm，材料强度等级 C30，底部铺设 15cm 厚碎石垫层。变形缝设置要求：混凝土路面每隔 5m 设置一道假缝，宽 5mm，深 5cm；30m 设置一道通缝，宽 2cm，缝内塞填 2cm 厚聚乙烯闭孔泡沫板。完工图见图 8-28、图 8-29。

图 8-28 连接路拆除重建完工图

图 8-29 堤顶路拆除重建完工图

8.5.2 智慧水务工程

1. 设计思路

针对永定河涿州段建设的需求和在水利方面对智慧运营的要求，提出了"信息全面采集，数据深度挖掘，决策智慧分析，应用简洁高效"的智慧运营系统构建理念。

智慧运营管理工程以服务生态规划建设、工程管理、社会民生为目标，结合现状，以"GIS 应用、智慧管理、参与互动"为特色，以需求为导向，以实用为原则，增强科学化管理手段，保证资源利用合理，工程管理高效。通过不断探索，建立工程管理、指挥、调度、运维以及保障的新机制，建成智慧运营管理工程，全面推动水务工程信息化建设，提高工程决策、运营和管理能力。

作为新建项目，本次新建数据采集和监控设备。对于既有设备，考虑通过数据传输设备从既有数据中心获取数据，利用新建的数据集成体系和分析系统进行统一分析与展示。

同时本工程也将与北京市及涿州的水文总站、防汛办、交通委、气象局等信息管理部门进行数据对接，得到需要的相关行业数据，减少可能发生的重复基础设施建设。

2．系统框架

永定河流域智慧水利的体系结构分为四个层次、七个组成部分。四个层次包括基础层、平台层、应用层和服务层，七个组成部分为信息资源采集系统、信息传输网络系统、流域云平台、智慧流域管理平台、应用门户、运行实体环境、保障环境（安全体系和标准体系）。依照条块结合、资源整合、信息共享、业务协同的建设思路，结合国际先进的 IT 管理理念，在充分理解工程管理部门职能以及管理业务的基础上，进行系统总体架构的设计，见图 8-30。

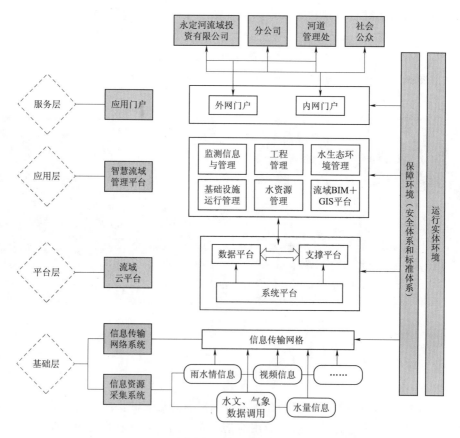

图 8-30　永定河涿州段智慧水务系统框架结构图

8.6 工程运管维护及效果

8.6.1 运管维护任务及意义

1. 运管维护任务

按工程等级标准，对河道堤防及控制性工程实施管理，以保证建设期和运行期安全，充分发挥工程效益。

对永定河流域已建水利工程和河道水面、林地等进行日常维修养护，对水利工程及水环境进行日常巡查、检查观测、维修，维持养护、恢复或局部改善原有设施面貌，保持原有设计功能。

水工建筑物日常维护包括堤防、控导工程等水工建筑物的日常维护管理。分为检查和维修养护两部分内容。

2. 运管维护范围

永定河为涿州市与北京大兴区界河，自北京市房山区韩营村流入涿州市境内，自长安城村南出涿州入固安县。涿州市堤防管理范围上游起点为右堤金闸门，下游终点为涿州市与固安县交界，总长度为 10.4km；目前，永定河涿州市段右岸堤防的护堤地为内 33m 外 33m（堤防内堤脚以内为 33m、外堤脚以外为 33m）。

根据《堤防工程设计规范》要求，本次永定河堤防管理范围保持两侧堤脚以外 33m 之间区域。河道管理范围上游起点为北京市房山区，下游终点为涿州市与固安县行政交界，长度为 7.76km；河道管理范围为涿州市行政界线与右堤之间区域。

3. 运管维护的重要性

工程运行管理维护是工程实施运行的根本保障和有力措施，同时也反映了相关部门对工程实施运行的重视程度。永定河综合治理项目的运行管理维护可以保证该项目工程有效、长效的开展，保证永定河的防洪能力和生态能力，并为之后的综合治理项目的运管维护提供借鉴方案。

8.6.2 运管维护现状

1. 现状运管维护体制

永定河右堤是海河上游重点河道堤防。按其堤防的重要性和涿州市管理机构设置现状，结合行政区划和行业分工，目前，永定河现状管理体制为统一管理，分级负责，属地管理。涿州市现状管理单位为涿州市水利局，为非营利性的事业单位，其职能是在上级主管部门的组织指导下，行使国有水利资产管理、负责工程安全与完整、组织维修养护及对维修养护作业水平的监督检查等管理。本次设计按三级管理设置管理机构。海河管理委员会为永定河的一级管理机构，保定市水利局为永定河的二级管理机构，涿州市水利局为三级管理机构。

根据合作框架协议，流域投资公司按照"产权明晰、权责明确、政企分开、管理科学"的原则，采用"1＋N"的公司体系实行市场化运作。其中，"1"指流域投资公司，侧重于总体谋划和投融资运作；"N"指分公司或子公司，由流域投资公司与沿线地方政府投资平台共同出资、吸引社会资金等方式设立，负责具体项目实施及运行管理等工作。

永定河流域水工程运行期管理按照三级管理模式，建设 A、B、C 三类管理用房。A 类管理用房布置在主要城市，用于行政管理人员办公及防汛管理；B 类管理用房设置在县乡级城镇附近及重要节点，用于运行、观测人员的办公及防汛管理；C 类管理用房布置在重要水利工程点附近，用于运行、观测人员的临时办公及周边服务功能。

在管理过程中以法律、法规为准则，坚决制止一切破坏防洪工程和破坏环境的违法行为，及时维护保养工程，保证工程正常使用安全运行。加强巡视发现污水泄漏及时通报有关管理部门，并有权封堵污水泄漏口，保护河道不受严重污染。

2. 现状运管维护配置

现有管理体制是按行政条块划分的，即县管理自己行政区划范围内的河段堤防。负责永定河涿州市段河道管理的三级管理单位在岗在编管理人员共有 3 人，临时工作人员8 人。

目前，涿州市段永定河管理所共有办公用房（含配套房）、职工宿舍和库房 583m²，现无配备通信、观测设备及车辆。

8.6.3 风险分析

工程管理现状存在的主要问题是管理技术人员少、维修养护费用不足、工程观测设施及交通工具严重缺乏、办公设施落后等，与现代化的工程管理要求有一定差距，直接影响了工程管理机构管理职能的正常发挥，进而影响到工程的管理质量和工程的正常运行。

永定河涿州市段综合整治工程的主要任务是防洪和生态绿化，该项目属于社会公益性的水利工程。根据水利工程管理体制改革的精神，流域投资公司积极争取国家投资及财税支持，合理调整水利支出。对维修养护经费、大修理经费等要做到专款专用，严谨挪作他用，否则无法保证工程完整与运行安全。

参 考 文 献

[1] 海河志编纂委员会. 海河志 [M]. 1 卷. 北京：中国水利水电出版社，1997.
[2] 冯兆忠，刘硕，李品. 永定河流域生态环境研究进展及修复对策 [J]. 中国科学院大学学报，2019，36 (4)：510－520.
[3] 李如意，赵名彦，赵亚锋，等. 涿州市地下水埋深分析及预测 [J]. 水利科学与寒区工程，2021，4 (5)：43－46.

9

南拒马河综合治理工程实例

9.1 项目简介

9.1.1 南拒马河水系简介

南拒马河位于海河流域大清河上游，为拒马河分支。拒马河为海河流域大清河北支白沟河水系支流，为北京市与河北省交界处的界河。拒马河地处太行山脉，西北部群山环抱，东南部为平原，降雨主要集中在 6—9 月，约占全年降雨量的 85％，由于山区与平原区地形高差大，坡陡流急，导致山区洪水大量涌入平原，而平原区地势平坦，又多低洼地区，排水不畅，极易发生洪涝灾害。拒马河张坊以上为山区河道，自千河口村下行，河道开阔，于张坊水文站出山进入平原。

拒马河于落宝滩分为南北两支，南支入河北省，为南拒马河，于定兴县境内容纳北易水河、中易水河，控制站为北河店控制站，南拒马河于白沟镇与白沟河汇合后称大清河；北支流经北京境内，为北拒马河，先后有胡良河、琉璃河、小清河汇入，至东茨村控制站以下称白沟河。南拒马河流经涞水、定兴，在京广铁路西有北易水、中易水汇入，过京广铁路后自西向东经定兴、容城，于白沟新城与自北向南的白沟河相汇，至新盖房枢纽工程，通过新盖房分洪道进入东淀，并通过白沟河与白洋淀相连。自张坊西南"铁索崖"出山口拒马河分流后，南拒马河至新盖房枢纽全长 83.7km，其中北河店以上为地下河，河长 51km，对新区不构成威胁。北河店以下进入平原，河道长 32.7km，河底纵坡为 1：4000～1：6000，两堤距离 600～2300m。拒马河流域主要河流示意图见图 9-1。

9.1.2 工程简介

南拒马河是大清河北支的主要行洪通道。南拒马河右堤向东南方向为容城、安新等地，是雄安新区起步区。除此以外京广铁路、京珠高速均在此区域。南拒马河右堤与白沟河右堤、萍河左堤、新安北堤共同构成雄安新区起步区防洪圈，所以南拒马河右堤是重要的防洪安全屏障。南拒马河位于白洋淀上游，为保定市母亲河，同时南拒马河自北河店以下容城段为平原河道，位于雄安新区境内，在保障防洪安全的前体下，更要加大水生态、水环境治理，打造水清、河畅、岸绿、景美的健康河流，助力打造优美生态环境，构建蓝绿交织、清新明亮、水城共融的生态城市。

135

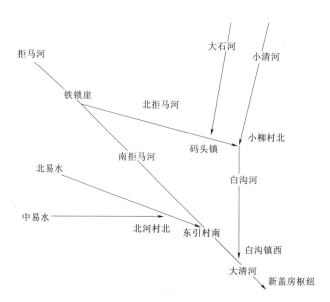

图 9-1　拒马河流域主要河流示意图

南拒马河综合治理按照流域规划以及《河北雄安新区防洪专项规划》，不断完善河流防洪体系，依照"要坚持生态优先、绿色发展，划定开发边界和生态红线，实现两线合一，着力建设绿色、森林、智慧、水城一体的新区"总要求，推进水生态环境综合治理。

自张坊西南"铁锁崖"出山口拒马河分流后，南拒马河至新盖房枢纽全长 83.7km，其中北河店以上为地下河，河长 51km，对新区不构成威胁。北河店以下进入平原，河道长 32.7km，河底纵坡为 1∶4000～1∶6000，两堤距离 600～2300m，为此次南拒马河防洪治理范围。定兴段建设范围为京广铁路桥上游至仓巨村南中易水河右堤及南拒马河京广铁路桥下游左侧至谭城机站、右侧至西各庄东；容城段建设范围为南拒马河右侧沟市村西至新盖房枢纽引河闸；高碑店段建设范围为南拒马河左侧何张险工至东四村。

雄安新区南拒马河防洪治理工程（定兴段）坚持新区防洪设施建设与生态环境保护、城市建设相结合，顺应自然，实现人水和谐共处，是以防洪为主，兼有生态功能，属于社会公益性质的水利建设项目。主要工程内容是对防洪工程进行完善，包括巩固原有堤防、新建薄弱环节堤防以及完善排涝水闸等工程；在河流生态方面主要完善河道地方绿化，建设和谐美丽水环境。按 2018 年第四季度价格水平计算，防洪工程投资 294088 万元，其中工程部分投资 100006 万元，建设征地移民补偿投资 183876 万元，水土保持工程投资 1658 万元，环境保护工程投资 1327 万元，专项工程 7221 万元。

经过工程现场勘查、方案调整优化，雷雨季节抢时间保进度、炎炎夏日工程进度管控、各专业安全员现场安全督导、警示等，项目进展顺利，其中雄安新区南拒马河防洪治理工程（定兴段）施工第一、二标段获得 2023 年度河北省建设工程安济杯奖（省优质工程），详见表 9-1。

表 9-1　　　　　　　南拒马河工程获安济杯奖（省优质工程）简况

序　号	工　程　名　称	承（参）建单位
AJB2023144	雄安新区南拒马河防洪治理工程（定兴段） 施工第一、二标段	河北省水利工程局 集团有限公司

9.1.3　工程实施必要性

南拒马河地处海河流域大清河流域上游，同时连接白洋淀，毗邻雄安新区，地理战略位置尤其重要，推进南拒马河综合治理是满足国家现代化建设，服务流域社会经济发展，确保雄安新区千年大计战略安排的必要举措。因此应着力推进南拒马河河流综合治理，复苏河流，不断推进生态文明建设，满足人民美好生活需要。

1. 贯彻落实新发展理念，推进水利事业高质量发展内在要求

依照党的二十大所明确提出的关于全面建成社会主义现代化强国、实现第二个百年奋斗目标，以中国式现代化全面推进中华民族伟大复兴的中心任务，准确把握中国式现代化对水利事业发展提出的新要求，统筹谋划新时代水利事业高质量发展总体战略和任务举措，对于支撑保障全面建设社会主义现代化国家、全面推进中华民族伟大复兴具有重要意义。同时新时代下，当前治水的主要矛盾已经由人民对除水害兴水利的需求与水利工程能力不足之间的矛盾，转变为人民对水资源、水环境、水生态的需求与水利行业监督管理能力不足之间的矛盾。因而完整、准确、全面贯彻新发展理念是当前和今后一个时期做好水利工作的方向和根本遵循。当前，站在中华民族永续发展的战略高度，习近平总书记提出"节水优先、空间均衡、系统治理、两手发力"治水思路，为推进新时代治水提供了科学指南和根本遵循。南拒马河地理战略位置尤其重要，推进其综合治理是满足国家现代化建设，服务流域社会经济发展的必要举措。

2. 对服务流域防洪安全的必要性

南拒马河地处海河流域上游，是大清河水系重要的行洪河道。地处京畿重地的海河，是我国华北地区最大的水系，滔滔的海河水，滋养华北大地的同时，又因其流域暴雨集中、河流源短流急、洪水陡涨陡落、应对时间紧迫等特点使得流域洪水突发性强、预报难、调度难。历史上，海河流域洪水灾害频繁，造成巨大灾害损失。南拒马河是海河流域一条重要河流，是大清河北支的主要行洪通道，承接上游拒马河分流洪水和北易水、中易水等支流洪水。从地理位置来看，南拒马河右堤直接是雄安新区起步区防洪屏障，除此以外南拒马河下游直接汇入白洋淀，后汇入大清河，在流域防洪层面起着至关重要的作用。根据《海河流域防洪规划》，大清河流域总体防洪标准 50 年一遇。南拒马河北河店以下现状基本满足 20 年一遇设计洪水标准。雄安新区起步区位于南拒马河右堤、白沟河右堤、新安北堤、萍河左堤包围区域，大部分属于白洋淀新安北堤蓄滞洪区。《河北雄安新区规划纲要》（2018 年 4 月）中确定起步区防洪标准为 200 年一遇。当前南拒马河防洪标准未能满足新区建设要求。因此通过对南拒马河进行防洪治理，一方面是通过清障、清淤，加大河道监管，完善河道治理，保障河道行洪畅通；另一方面是完善防洪工程，确保雄安新区防洪安全，保障新区千年大局战略正常实施。

3. 推进南拒马河综合治理是满足沿河人民美好生活需要的重要举措

南拒马河毗邻雄安新区，而河流又是建设美丽城市的一部分，打造优美生态环境，构

建蓝绿交织、清新明亮、水城共融的新区生态文明城市，必然要以保护和修复城市河流生态功能为前提。因此对河道开展综合治理极其必要。南拒马河从涞源发源流经著名的旅游胜地野三坡、十渡，形成一条百里画廊，景区风光秀丽，气候宜人，而且有众多的文物古迹与自然风光，呈现出的人水和谐的秀美画卷，是白洋淀上游水系综合治理和生态修复带来的结果，为旅游业的发展，促进河流文化的发扬起到了推动作用。

9.2 工程概况

9.2.1 经济概况

南拒马河流经涞水县、定兴县、高碑店市以及雄安新区等地。其中涞水县、定兴县和高碑店市均隶属于河北省保定市。

涞水县位于河北省中部偏西，太行山东麓，冀中平原西北部，东界涿州市、高碑店市，西邻易县、涞源县，南接定兴县，北靠涿鹿县、蔚县，东北与北京市房山区、门头沟区接壤。据涞水县人民政府公告，涞水县 2022 年全县地区生产总值 105.25 亿元。居民消费价格总指数 101.8%，工业品生产者出厂价格指数 100.5%，商品零售价格总指数 102.5%，在外餐饮价格指数 102.1%，服务项目价格指数 100.5%，交通费价格指数 100.9%，通信服务价格指数 99.6%。2022 年末全县户籍总户数 141749 户，户籍总人口 361142 人，其中城镇户籍人口 157400 人，乡村户籍人口 203742 人。全县常住人口 309656 人，其中城镇常住人口 162327 人，农村常住人口 147329 人。常住人口城镇化率 52.42%，比上年提高 0.02 个百分点。农村居民人均可支配收入达到 15949 元；城镇居民人均可支配收入 34873 元。

定兴县位于冀中平原腹地，京津保中心地带，毗邻雄安新区。下辖 1 个省级工业聚集区、5 镇 11 乡 1 个城区、274 个行政村，是河北省 35 个环京津都市圈县（市）之一，2022 年全县生产总值 200.5 亿元。2022 年，定兴县总户籍人口 608194 人，常住人口 500033 人。2022 年末城镇居民人均可支配收入 41417 元；农村居民人均可支配收入 22240 元。

高碑店市位于河北省中部，保定市北部。西部为太行山洪冲积平原，东部为河流冲积平原。地势自西北向东南徐缓倾斜，平均坡降比为 0.6%，海拔 11.4~39.4m，构成地势平坦的平原地貌。截至 2022 年，高碑店市辖 5 个街道、9 个镇，常住人口 525863 人。2022 年全市生产总值 2368166 万元，全市城镇居民人均可支配收入 41246 元；农村居民人均可支配收入 24296 元。

雄安新区 2022 年规划推进总体建设项目 322 个，总投资额超 8000 亿元，预计全年完成投资工作量超 2000 亿元，同比增长 30% 以上。2020 年 11 月 1 日，雄安新区第七次全国人口普查结果表明，雄安新区常住人口 1205440 人。

9.2.2 气象水文条件

流域属温带和暖温带大陆性季风气候，季节性差别显著。南拒马河是大清河流域的重要水系，始于铁锁崖，经易县、定兴县至高碑店白沟镇与白沟河汇合成大清河。流域南邻漕河、瀑河，北界北河，流域面积 2156km²。流域地处温带半干旱大陆性季风气候区，具有夏秋高温多雨、冬春寒冷干旱的特点，年均气温 8.7℃。多年平均降水量不到

500mm，且 75% 以上集中在汛期 6—9 月。同时，降水年际变化大，最大与最小年降水量的比值超过 3。北河店水文站是流域出口控制站，控制流域面积 2006km²。

9.2.3 地质状况

工程区大部分属于河北平原区，西部少部分为太行山山前倾斜平原，地势西高东低。南拒马河自房山区张坊镇至定兴县北河店为天然河道，河宽 100～200m，河道纵坡为 1∶300～1∶800，定兴县北河店至高碑店市南刘庄为人工改造河道，河宽 120～240m，河道纵坡为 1∶4000～1∶6000。河床主要有沙土、沙壤土、砂卵石和卵石组成。

南拒马河总体流向为西北至东南方向，北河店以下至新盖房枢纽，河底纵坡为 1∶4000～1∶6000，堤距 600～2300m。地面高程 26.00～12.50m（1985 国家高程基准，下同），堤高一般 4～7m。

9.2.4 工程现状及存在问题

1. 工程现状

大清河流域经过自 20 世纪 50 年代以来的多次治理，流域整体防洪格局是"上蓄、中疏、下排、适滞"，构建以河道堤防为基础、大型水库为骨干、蓄滞洪区为依托、工程措施与非工程措施相结合的综合防洪减灾体系。根据《海河流域防洪规划》，大清河流域总体防洪标准 50 年一遇。南拒马河是大清河北支的主要行洪通道，承接上游拒马河分流洪水和北易水、中易水等支流洪水。南拒马河北河店以下现状基本满足 20 年一遇设计洪水标准，在向兰沟洼蓄滞洪区分洪的条件下，基本达到 50 年一遇防洪标准，不满足新区起步区 200 年一遇的防洪要求，先行启动南拒马河防洪治理工程对解决起步区的洪水威胁十分重要。现状中易水右岸是大清河南、北支的分界线，也是保证大清河北支洪水进入南支的重要防线。现状条件下，发生超 100 年一遇洪水时，洪水将漫过中易水右岸沿京广铁路向南行进，部分洪水将通过铁路沿线涵洞向东进入新区起步区，威胁起步区的防洪安全；部分洪水继续向南由萍河（含鸡爪河）、瀑河等河流进入白洋淀，抬高白洋淀的洪水位，增加起步区的防洪风险，也将打乱大清河流域的防洪调度。为确保大清河北支洪水不向南支串流威胁起步区防洪安全，保证大清河流域高标准洪水有序调度，实施南拒马河右堤京广铁路以上新建中易水右堤工程，与北塘公路相连，防止北支洪水南窜，保证起步区防洪安全及大清河流域洪水有序调度是非常必要的。

2. 存在问题

（1）南拒马河右堤防洪标准过低。右堤为主堤，长 34.47km，现状堤顶高程 15.80～26.80m，堤顶宽度 5.0～8.0m；左堤长 28.0km，现状堤顶高程 17.30～26.70m，堤顶宽度 4.0～7.0m。1970 年和 1978 年曾两次复堤，设计流量 4640m³/s，但险工大部分未做处理，结构简陋、标准低，加上堤身由沙性土筑成，存在密实度不够、堤顶坍塌等问题，难以保证河道安全行洪（见图 9-2）。当前南拒马河北河店以下河段堤防

图 9-2 现状右堤图

治理防洪标准仅为 20 年一遇，防洪标准过低。不能满足雄安新区建设规划要求 200 年一遇防洪标准。南拒马河京广铁路以上至中易水缺少必要的堤防工程，发生大洪水时易水右岸沿京广铁路向南行进，部分洪水将通过铁路沿线涵洞向东进入新区起步区，威胁起步区的防洪安全；部分洪水继续向南由萍河（含鸡爪河）、瀑河等河流进入白洋淀，抬高白洋淀的洪水位，增加起步区的防洪风险，也将打乱大清河流域的防洪调度。

（2）南拒马河两岸附属建筑物存在损坏现象，功能性缺失。如穿堤闸涵大部分建于20 世纪 50—70 年代，至今运行 40 多年，碳化、风化严重，钢筋露筋锈蚀普遍；翼墙等部位存在不同程度的沉陷变形，普遍存在结构缝开裂和一些部位断裂现象。现有闸门存在启闭机缺失以及金属结构设备老化、变形、锈蚀严重等问题，已不能正常运行。建筑物的老化和破损极易在穿堤部位形成渗流，存在堤防安全、汛期交通安全等隐患；险工段不满足 200 年一遇抗冲要求；沿岸部分村庄存在侵占堤身断面情况。定兴段现状右岸存在 2 处险工，其中杨村险工 2015 年按照 20 年一遇防洪标准进行了治理。现状堤防迎水侧和背水侧堤身均有房屋占压堤身、侵占河道情况（见图 9-3）。

图 9-3 现状堤防迎水侧和背水侧

（3）沿河主槽河势不稳，存在多处采砂坑和砂堆现象，造成河道断面不规则，其范围内局部存在采砂违法行为，采砂坑深度 3～8m，主槽现状开口宽度 80～480m，主槽外侧滩地现状大部分为农田。最宽处约 480m，最窄处仅 55m，平均槽宽 185m，受采砂影响主槽最深处达十几米，影响河道行洪安全。

9.2.5 治理规划

1. 治理原则

根据水利部印发的《中小河流治理建设管理办法》精神，南拒马河综合治理总体遵循如下原则：

一是坚持人民至上，生命至上。统筹发展和安全，把保护南拒马河沿河公共设施以及雄安新区建设，确保人民生命财产安全放在首要位置，切实提升南拒马河行洪和防洪能力。

二是坚持因地制宜，生态安全。尊重河流自然属性，科学确定治理标准和治理方案，处理好河流治理与生态保护的关系，实现人水和谐，推进流域内自然生态和谐发展。

三是坚持系统治理，整体规划。以流域为单元，统筹上下游、左右岸、干支流，与流域综合规划、防洪规划和区域规划相协调，逐流域规划、逐流域治理，确保南拒马河综合治理符合当地、流域经济社会发展要求。

四是工程治理措施与完善体制机制建设，强化河道日常管理相结合。在加大河道综合整治工程措施的基础上，不断完善河道治理体制机制，强化河道监管，推进河道治理体系现代化。

2. 治理依据

(1) 依据的主要文件：

1)《河北雄安新区规划纲要》，中共河北省委河北省人民政府，2018 年 4 月。

2)《河北雄安新区总体规划》(2018—2035 年)。

3)《海河流域防洪规划》及附件《大清河系防洪规划》(国函〔2008〕11 号)。

4)《国务院关于河北雄安新区总体规划 (2018—2035 年) 的批复》(2018 年)。

5)《河北雄安新区防洪专项规划》(中共河北省委)。

6)《海河流域综合规划》(2013 年版)。

(2) 遵循的主要规程、规范：

1) GB 50201—2014《防洪标准》。

2) SL 252—2017《水利水电工程等级划分及洪水标准》。

3) SL 619—2013《水利水电工程初步设计报告编制规程》。

4) GB 50286—2013《堤防工程设计规范》。

5) GB 50007—2011《建筑地基基础设计规范》。

6) SL 744—2016《水工建筑物荷载设计规范》。

7) SL 191—2008《水工混凝土结构设计规范》。

8) GB/T 50662—2012《水工建筑物抗冰冻设计规范》。

9) SL 379—2007《水工挡土墙设计规范》。

10) SL 265—2016《水闸工程设计规范》。

11) GB 50288—2018《灌溉与排水工程设计标准》。

12) GB 51247—2018《水工建筑物抗震设计标准》。

3. 治理规划

以不断提高南拒马河防洪能力为主导，兼顾生态环境不断完善进行治理规划。

防洪功能规划主要为如下两个方面：一方面，结合《河北雄安新区规划纲要》《海河流域防洪规划》等要求，提高南拒马河上游防洪治理标准，完善堤防建设，对南拒马河平原段开展主槽疏浚扩挖，清淤清障，恢复河道行洪能力，完善南拒马河在大清河流域防洪体系的作用；另一方面，结合堤防护坡防护，开展河道生态环境治理。本着安全为主、技术可靠、兼顾生态、形式多样、因地制宜的原则确定护坡形式，完善沿河堤防绿化、植被种植，推进宜居水环境建设。

9.3 防洪建设

9.3.1 南拒马河防洪现状

南拒马河北河店以下两岸现状筑有堤防，北河店至新盖房枢纽河道长 32.7km，河底纵坡为 1/4000～1/6000，堤距 600～2300m。右堤为主堤，长 34.47km，现状堤顶高程 15.8～26.8m，堤顶宽度 5.0～8.0m；左堤长 28.0km，现状堤顶高程 17.3～26.7m，堤顶宽度 4.0～7.0m。1970 年和 1978 年曾两次复堤，设计流量 4640m³/s，但险工大部分未做处理，结构简陋、标准低，加上堤身由沙性土筑成，存在密实度不够、堤顶坍塌等问题，难以保证河道安全行洪。南拒马河北河店以下河段现状基本满足 20 年一遇设计洪水标准，在向兰沟洼蓄滞洪区分洪的条件下，基本达到 50 年一遇防洪标准，但存在众多险工段，影响河道行洪安全。

南拒马河现状存在的问题是防洪能力不满足新区要求，水环境条件差，部分村庄占压了堤防断面和管理范围，与新区的建设需求相差较远。

9.3.2 河道清淤疏浚工程

1. 河道存在问题

现状南拒马河河道主槽无防护，主槽断面极不规整，一般开口宽度 80～480m。河道内砂石资源丰富，存在采砂违法行为现象，主槽内存在多处采砂坑，河道走势不稳定，影响河道行洪。同时当前主槽与堤防之间的滩地现状多为农田（见图 9-4），不规则砂坑在洪水来临前威胁人民群众生命财产安全。

图 9-4 现状滩地

2. 清淤整治原则

本次结合南拒马河防洪治理，对主槽卡口段进行疏浚治理，平顺河槽主流，疏浚治理标准按 5 年一遇洪水不出主槽考虑。

主槽整治遵循以下原则：

（1）维持高铁、铁路、高速和国道等现有桥梁附近的河底高程，保证交叉建筑物结构安全。

（2）平顺控制河底高程的桥梁之间的河段纵坡。

（3）疏通河道主槽卡口位置，保证主槽的过流能力，现状主槽宽度较大河段维持现状宽度。

（4）主槽紧邻左右岸堤防的部位按险工处理，填筑出 30m 防护平台宽度，保证主槽与堤防的安全距离。

（5）主槽开挖土料中的砂壤土用于险工及新堤回填后，其余的部分填筑至采砂坑内（优先填筑险工段附近主槽砂坑），保证河底行洪安全。

3. 纵断面设计

依照主槽整治原则，主槽纵断面设计主要结合实际地形条件，维持现状河床天然河底纵坡总体趋势基本不变，对局部河底进行调整。尽量保留河道的自然形态，高于设计槽底高程的按设计开挖；对低于设计槽底的可维持现状高程。

南拒马主槽治理总长为 31.45km,桩号为 ZC0+000~ZC31+450。根据实测河道带状地形图及横断面图,现状主槽河底平均纵坡约为 0.27‰。根据现状河底高程及纵坡趋势,定兴段设计河道纵坡分别为:①桩号 ZC0+000~ZC0+400 段河底纵坡维持现状为11.25‰和1.3‰;②桩号 ZC0+400~ZC5+000 段河底纵坡为 0.66‰;③桩号 ZC5+000~ZC11+400 段河底纵坡为 0.21‰;④桩号 ZC11+400~ZC19+700 段河底纵坡为 0.19‰。

4. 横断面设计

现状南拒马河河道主槽极不规律,通过整治主槽,使主槽过流能力满足 5 年一遇洪水不出槽,平顺河槽主流的同时兼顾低标准洪水基本不上滩淹没农田及后期南拒马河生态工程。主槽开卡底宽根据纵坡及现场地形情况确定,一般为100~120m,满足 5 年一遇洪水不出槽的现状宽度较大的部位维持现状断面形式。

由于现状河道主槽未护砌,现状主槽范围内存在砂层,行洪过程中主槽边坡容易坍塌。考虑边坡自稳及主槽两侧滩地农田及后期生态景观设计,扩挖段两侧边坡采用坡比1:5。

9.3.3 堤防建设

1. 治理范围

南拒马河定兴段右堤工程范围为京广铁路桥至西各庄以东、长 15.2km,其中险工段长度 3.95km,桩号范围 Y0+000~Y15+200;左堤工程范围为京广铁路桥至谭城机站、长 24.77km,其中险工段长度 5.29km,桩号范围 Z0+000~Z24+770;同时为确保大清河北支洪水不向南支串流,闭合起步区北部防线,新建中易水河右堤工程范围仓巨村南至京广铁路、长 5.8km,桩号范围 X0+000~X5+800;南拒马河定兴县境内主槽结合生态防洪堤建设进行治理。

2. 治理规模

治理规模根据 GB 50201—2014《防洪标准》城市防洪区等级和防护标准,结合南拒马河主河槽流所流经的城镇客观实际情况,确定上游城镇河段河道防洪标准;根据 GB 50286—2013《堤防工程设计规范》,结合河道防洪标准确定堤防标准。

《河北雄安新区规划纲要》综合考量此次工程建设堤防工程建设规模由设计洪水位加超高确定,南拒马河右岸(含中易水上延)防洪标准为 200 年一遇,左岸防洪标准为 20 年一遇,其中左堤北田至谭城机站段按照挡兰沟洼蓄滞洪区滞洪水位。为确保南拒马河右堤防洪安全,在满足上述计算指标基础上,右堤设计堤顶高程按不低于左堤设计堤顶高程1m 控制。

根据《河北雄安新区防洪专项规划》,为确保大清河北支高标准洪水不向南支串流,威胁雄安新区起步区防洪安全,新建中易水右堤仓巨村南侧至京广铁路段,治理标准为200 年一遇。

3. 堤防堤线布置

根据 GB 50286—2013《堤防工程设计规范》,堤线布置应遵循如下原则:堤线布置与河势走向相适应;堤线布置力求平顺,相邻堤段间平顺连接;宜充分利用现有堤防、有利地形等。

此次南拒马河防洪治理工程地处定兴、容城、高碑店三个县级行政区域内,南拒马河定兴段建设范围为京广铁路桥上游至仓巨村南中易水河右堤及南拒马河京广铁路桥下游左侧至谭城机站、右侧至西各庄东。

（1）右堤。南拒马河定兴段右堤为京广铁路桥下游至西各庄以东、长 15.2km，桩号范围 Y0＋000～Y15＋200。通过对现状堤防进行加固，使南拒马河右堤达到 200 年一遇防洪标准，同时为确保大清河北支洪水不向南支串流，闭合起步区北部防线，新建 5.8km 长中易水河右堤，下游堤头与南拒马河右堤顺势衔接，上游至仓巨村南侧与 X354 县道（北塘公路）相连，桩号范围 X0＋000～X5＋800，防洪标准 200 年一遇。

堤防加高培厚和堤顶路布置对转弯较急的堤段进行微调，加大转弯半径，从而平顺行洪水流，提高堤顶通行效率，保障汛期巡视及防汛物资调配。南拒马河定兴段右堤现状大部分堤段较为平顺，加固方案基本维持现状堤线不变。依照上述堤线布置原则，结合中易水河新建右堤衔接等仅对上游约 890m 堤线进行了局部调整，其余均为局部微调，相对幅度较大的堤段为中部老里村五一闸弯道段。

现状南拒马河右堤上游与 107 国道连接处东西向长 620m，考虑两侧建筑物较多，为尽量减少征迁、降低工程实施难度、增加堤防保护范围，将该段右堤自下游平行左堤向上顺延，平顺河势，即两侧堤距与下游侧一致，均为 1100m 左右，顺延至 107 国道，改线段长 890m。

老里村五一闸处，堤防转折较大。为平顺堤线和行洪水流，防止堤防标准提高以后水流在该处形成漩涡冲淘，需对转角处堤线进行微调。即平行左堤向河内微调，新老堤最大调线间距约 100m。该部位两岸堤距 2235m，为南拒马河堤距最宽的河段之一，且主河槽靠近左堤，堤线调整对行洪水位和流速基本无影响。调整范围为 Y6＋980～Y7＋650、现状长 670m，调整后该段堤线长 593m。该段位于南拒马河定兴段右堤中部，为便于堤防运行管理和防汛物资储备，对旧堤进行拆除后，土料用于新堤背水侧填筑，新老堤之间的三角部位作为南拒马河定兴管理站及对外连接路、防汛物资储料平台及仓库、老里村五一闸及其配电室、防汛屋等生产、管理及建设用地，上下游两端与堤防管理范围协调布置，拆除的旧堤背水侧不额外增加占地。

综合考虑工程征迁量、社会影响和实施难度等，中易水新建右堤顺接本次新建南拒马河右堤堤头位置，从京广铁路起，沿北河镇南阁大街至中易水右岸，顺右岸沿红树营、史家庄、红树以北，在仓巨村南与北塘公路相连。该方案堤线长 5.8km，长度最大，但该方案可避免红树营、史家庄、红树三村和北河店部分村庄搬迁问题，征迁量和社会影响最小，且该方案与南拒马河右堤上游改线段顺接，水流条件较好，左右岸堤距约 1.1km，京广铁路路基挡水段最短，结合防洪规划铁路桥改建跨度最小。

（2）左堤。左堤为京广铁路桥以东至谭城机站、长 24.77km，桩号范围 Z0＋000～Z24＋770。南拒马河定兴段左堤现状堤顶高程 19.2～26.5m，堤顶宽度 4～7m，平均堤高 4.9m，堤防级别为 4 级。经复核现状左堤大部分堤段堤顶超高满足 20 年一遇设计洪水标准，仅局部堤段超高不足。根据《大清河系防洪规划》，左堤规划顶宽为 7m，本次对左堤进行达标建设，主要加固方案包括局部加高和迎水侧培厚等。左堤加固，保持原有堤线不变。

4. 新建堤身设计

新建中易水河右堤部位地形较为开阔，考虑主河槽疏浚开挖土料利用、河滩就近取料、便于施工和与生态措施相结合等因素，同时设计考虑经济、实用原则，考虑南拒马河上游实际情况，堤型以砂石料、土为主体，壤土为防渗体的壤土斜墙土堤，断面采用梯形断面。抗滑稳定分析采用瑞典圆弧法。具体情况如下：

依照确定堤防等级为 1 级堤防：按照规范要求，堤顶高程由设计洪水位加堤顶超高确定，南拒马河左堤设计堤顶高程按河道 20 年一遇洪水位和兰沟洼蓄滞洪区 100 年一遇设计运用水位两者的大值加设计超高确定。

考虑到南拒马河左、右堤防洪标准差异加大，为保障雄安新区起步区防洪万无一失，右堤设计堤顶高程在满足计算超高的同时，与左堤顶留有不小于 1m 超高的安全裕量，即右堤设计堤顶高程取值为 200 年一遇设计洪水位加计算超高同左堤设计堤顶高程加 1m 两者的大值。

为减小新堤占地宽度，该方案主要采用砂壤土筑堤，依照中易水河右岸滩地及南拒马河主槽卡口疏浚段的土料勘察结果。该区域存在一定厚度且可区分的砂壤土，且压实后渗透系数较小，为 3×10^{-5} cm/s，允许出逸比降 0.3，黏粒含量 6.8% ~ 7.2%。堤身两侧边坡边坡均采用 1:3，考虑留有一定安全裕量，斜墙顶部宽度调整为 4m。见图 9-5。

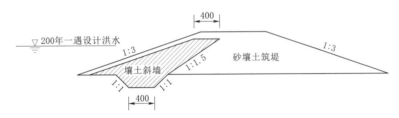

图 9-5 堤型示意图（单位：cm）

图 9-6 堤身迎水侧施工图

5. 旧堤加固设计

（1）右堤。南拒马河右堤是雄安新区起步区的北部洪水防线，其防洪标准需提高到

200年一遇，堤防级别由4级提高到1级，经复核现状堤顶高程不满足防洪要求，需采取加高培厚措施。除对局部堤段进行改线外，其余均为原堤线加固，为充分利用原堤防结构，节约投资，并考虑加固措施与旧堤有效结合和就地取材等因素，加固方案为在旧堤基础上进行加高培厚，不改变原土堤结构。考虑南拒马河大部分河段较为开阔，而堤防背水侧大多紧邻村庄，为减少征迁和工程实施难度，加高培厚方案为在现状堤防基础上进行堤顶加高和迎水侧培厚（见图9-6）。

堤顶高程计算公式如下：

$$H = h + Y, Y = R + e + A \qquad (9-1)$$

式中：H为堤顶高程；h为设计洪水位；Y为堤顶超高；R为设计波浪爬高；e为设计风壅水面高度；A为安全加高值。

堤顶高程一般按设计洪水位加堤顶超高确定，考虑到南拒马河右堤与南拒马河左堤防洪标准差异较大，为更好地保障雄安新区起步区防洪安全，右堤顶高程在满足计算超高的同时，与左堤顶留有不小于1m高的安全裕量，即右堤顶高程取200年一遇设计洪水加计算超高和左堤设计顶高程加1m两者的较大值。经计算，桩号Y12+800~Y15+200约2.4km堤段堤顶由左堤设计堤顶高程加1m控制。

（2）左堤。南拒马河左堤现状为均质土堤结构，防洪标准20年一遇，根据大清河洪水调度方案，河道过流能力满足3500m³/s，计算堤顶超高为1.6m。经复核现状左堤高程基本满足河道过3500m³/s时的洪水位加计算超高，仅上下游两端局部堤段超高不足。同时，根据《大清河系防洪规划》，设计左堤顶宽7m，现状约一半堤段不满足要求。本次结合南拒马河治理，对左堤进行达标建设，为减少征迁降低工程实施难度，左堤加固主要是在现状堤防基础上进行堤顶加高和临水侧培厚等措施。

根据大清河北支洪水调度方案，南拒马河北河店站遇超3500m³/s洪水时，需通过左岸北田口门向兰沟洼蓄滞洪区进行分洪。为尽量使超标准洪水时通过北田分洪口分洪，降低北田分洪口门以上河段左堤漫溢风险，在不影响右堤防洪安全的前提下，适当提高北田分洪口门上游13km左堤挡水能力，对桩号Z0+000~Z13+000范围南拒马河左堤按50年一遇洪水位进行复核。同时左堤还承担兰沟洼蓄滞洪区围堤任务，设计100年一遇蓄滞洪水位17.5m，挡水堤段范围为Z12+000~Z24+770，该段堤顶高程需同时满足南拒马河现状20年一遇防洪标准及100年一遇蓄滞洪围堤挡水要求。

左堤总体加固方案与右堤基本一致，堤顶结合现状路改造进行局部加高；背水侧基本维持现状边坡，仅对个别较陡部位进行削缓坡处理；对堤防迎水侧部分堤段进行加宽培厚，满足《大清河系防洪规划》堤顶宽7.0m的建设目标；结合拒马河生态廊道建设和现状防护情况，对险工段及流速较大堤段迎水侧采用浆砌石、石笼等防护，对流速较小的顺堤段迎水侧和全段堤身背水侧采用草皮等生态防护。堤顶采用双向6m宽沥青混凝土路面硬化，两侧各设0.5m宽硬路肩。堤防两侧堤脚外各设10m宽管理范围即护堤地，迎水侧护堤地种植防浪林带，背水侧护堤地种植护堤林带。堤顶路施工图见图9-7。堤顶路完工图见图9-8。

图9-7　堤顶路施工图　　　　　　　　　图9-8　堤顶路完工图

9.3.4　穿堤闸涵建筑物建设

南拒马河两岸穿堤闸涵大部分建于20世纪70年代，现状存在裂缝、胸腔变形、启闭机失灵、翼墙坍塌、闸门损坏等问题，已不能正常运行。本次南拒马河右堤加固后相应建筑物级别从4级提高到1级，右堤穿堤闸涵均需提级改造；南拒马河左堤结合本次加固工程，对现有闸涵进行原规模重建，恢复其原设计功能。同时结合新区规划，将本段老里村五一闸预留为新区生态分水口；新建中易水河右堤与北萍排干有两处交叉，需新建仓巨闸和入易水闸。具体统计见表9-2。

表9-2　　　　　　　　　　　　穿堤涵闸基本情况统计表

序号	建筑物名称	工程位置	流量/(m³/s)	孔口尺寸 (n×b×h)/(m×m×m)	功能分类	建设方式
1	北萍排干仓巨闸	X0+090	29	2×3×3	排涝	新建
2	北萍排干入易水闸	X4+703.8	29	2×3×3	排涝	新建
3	老里村五一闸	Y7+400	西5/东7	东1×3×2.5 西1×2×2.5	引水	重建
4	大沟村排水闸	Z0+120	0.2	1×1.5×1.8	排涝	重建
5	西靳闸	Z2+220	引5/排59	3×3×4	引水/排涝	重建
6	谭城机站排涝闸	Z24+700	相机排水	1×2×2	排涝	重建

1. 北萍排干仓巨闸

北萍排干仓巨闸为北排干与中易水河新堤交叉建筑物，中易水新堤桩号X0+100，是一座涵洞式水闸。涵闸设计过流量为29m³/s，孔口为2孔一联，3.0m×3.0m箱涵，建筑物总长94.0m，包括进口段、涵闸段、涵管段、消力池段及出口段5部分。

（1）进口段。进口段总长24m，底高程23.30m。前端8m为浆砌石梯形渠道防护段，渠道底宽5.0m，边坡1:1.5，上口宽13.7m，护底、护坡均采用浆砌石护砌，浆砌石厚0.4m，下设0.1m厚碎石垫层及一层土工布；中间8m为混凝土梯形渠道渐变段，渠底宽度由5.0m渐变到7.0m，边坡1:1.5，上口宽由13.7m渐变到15.7m，护底、护坡均采用0.4m厚钢筋混凝土防护，下设0.1m厚素混凝土垫层；后端8m为圆弧翼墙渐变段，护底、护坡均采用 0.4m 厚钢筋混凝土防护，下设 0.1 厚素混凝土垫层，圆弧翼墙为钢筋混凝土挡墙，墙高 3.3m，墙顶高程 26.20m。

（2）涵闸段。涵闸段顺水流方向长 12m，为涵洞式布置，其中闸室段长 4.5m，涵洞段长 7.5m。两孔一联，单孔尺寸为 3.0m×3.0m（宽×高），为整体式钢筋混凝土结构，底板高程 23.30m，墩顶高程 27.40m，边墩厚 0.7m，中墩厚 1.0m，底板厚 0.7m，下设 0.1m 厚素混凝土垫层。闸门为平板钢闸门，卷扬启闭机启闭。闸墩上设启闭机排架及启闭机房，启闭机房通过钢梯与地面相通。闸室与涵洞间设置防浪胸墙，胸墙顶高程为 29.20m，墙厚 0.5m，两侧通过止水带与防浪墙相连。

（3）涵管段。涵管段顺水流方向长 24m，由两节 12m 长的涵管组成。2 孔一联，单孔尺寸为 3.0m×3.0m（宽×高），整体式钢筋混凝土结构，底板高程 23.30m，顶板厚 0.5m，边墙、中墙及底板厚 0.6m，底板下设 0.1m 厚素混凝土垫层。管顶上为 0.5m 厚上堤路路面结构。

（4）消力池段。消力池长 10m，深 0.5m，底板高程 22.75m，前段通过 1：4.0 斜坡与涵管底板相连，侧墙顶高程 26.15m。消力池为整体式钢筋混凝土 U 形槽结构，边墙厚 0.4～0.7m，底板厚 0.7m，下设 0.1m 厚素混凝土垫层。

（5）出口段。出口段总长 24m，底高程 23.25m。前端 8m 为圆弧翼墙渐变段，护底、护坡均采用 0.4m 厚钢筋混凝土防护，下设 0.1m 厚素混凝土垫层，圆弧翼墙为钢筋混凝土挡墙，墙高 3.3m，墙顶高程 26.15。中间 8m 为混凝土梯形渠道渐变段，渠底宽度由 6.0m 渐变到 5.0m，边坡 1：1.5，上口宽由 15.3m 渐变到 13.7m，护底、护坡均采用 0.4m 厚钢筋混凝土，下设 0.1m 厚素混凝土垫层。后端 8m 为浆砌石梯形渠道防护段，渠道底宽 5.0m，边坡 1：1.5，上口宽 13.7m，护底、护坡均采用浆砌石护砌，浆砌石厚 0.4m，下设 0.1m 厚碎石垫层及一层土工布。

2. 北萍排干入易水闸

北萍排干入易水穿堤涵闸为北排干与中易水河新堤交叉建筑物，与中易水新堤交叉桩号为 X4＋703.8，是一座涵洞式水闸。涵闸设计过流量为 29m³/s，孔口为 2 孔一联 3.0m×3.0m 箱涵，建筑物总长 115.0m，包括上游防护段、进口段、涵管段、涵闸段、消力池段、出口段、下游防护段七部分。

（1）上游防护段。上游防护段长 8m，底高程 18.10m，采用浆砌石防护。渠道底宽 4.0m，边坡 1：1.5，上口宽 16.75m，护底、护坡浆砌石厚均为 0.4m，下设 0.1m 厚碎石垫层及一层土工布。

（2）进口段。进口段顺水流方向长 16m，底高程 18.10m，采用混凝土梯形渠道防护，渠道底宽由 4.0m 渐变为 6.6m，边坡 1：1.5，上口宽由 16.75m 渐变到 19.35m。护底、护坡均采用 0.4m 厚钢筋混凝土防护，下设 0.1m 厚素混凝土垫层。涵洞进口左右侧设置混凝土圆弧翼墙，圆弧翼墙为钢筋混凝土挡墙，墙高 4.75m，墙顶高程 22.35m，墙顶设置不锈钢栏杆。

（3）涵管段。涵管段顺水流方向长 45m，由 3 节 15.0m 长的涵管组成。涵管采用 2 孔结构，单孔过水断面尺寸为 3.0m×3.0m（宽×高），整体式钢筋混凝土结构。底板高程 18.10m，底板厚 0.6m，边墙厚 0.6m，顶板厚 0.6m，中墙厚 0.6m，底板下设 0.1m

厚素混凝土垫层。

（4）涵闸段。涵闸段顺水流方向长 12m，为涵洞式布置，其中闸前涵洞长度 7m，闸室段长 5m。涵洞两孔一联，单孔过水断面尺寸为 3.0m×3.0m（宽×高），为整体式钢筋混凝土结构，底板高程 18.10m，底板厚 0.7m，下设素混凝土垫层厚 0.1m，边墩厚 0.7m，中墩厚 1.0m。闸室墩顶高程 23.20m，边墩厚 0.7m，中墩厚 1.0m，闸门为平板钢闸门，卷扬启闭机启闭。闸墩上设启闭机排架及启闭机房，启闭机房通过交通桥与中易水新堤连通。

（5）消力池段。消力池长 10m，池深 0.6m，底高程 17.50m，前段通过 1：4.0 斜坡与涵管底板相连，侧墙顶高程 22.20m。消力池为整体式钢筋混凝土 U 形槽结构，混凝土底板厚 0.9m，下设 0.1m 厚素混凝土垫层；侧墙高度 5.0m，侧墙厚度自下而上由 0.9m 渐变为 0.4m，矩形槽顶设置不锈钢栏杆。

（6）出口段。出口段顺水流方向长 16m，底高程 18.00m，采用混凝土防护。渠道底宽由 7.0m 渐变为 6.0m，边坡 1：1.5，上口宽由 19.6m 渐变到 18.6m。护底、护坡钢筋混凝土防护厚均为 0.4m，下设 0.1m 厚素混凝土垫层。消力池出口左右侧设置混凝土圆弧翼墙，圆弧翼墙采用钢筋混凝土挡墙，墙高 4.70m，墙顶高程 22.20m，墙顶设置不锈钢栏杆。

（7）下游防护段。下游防护段长 8m，底高程 18.00m，采用浆砌石防护。渠道底宽6.0m，边坡 1：1.5，上口宽 18.6m，护底、护坡浆砌石厚均为 0.4m，下设 0.1m 厚碎石垫层及一层土工布。

3. 老里村五一闸

老里村五一穿堤涵闸位于南拒马河右岸防洪大堤 Y7＋400 处，是一座涵洞式水闸。水闸现状为 2 孔，东闸孔宽 3.0m，西闸孔宽 2.0m（见图 9-9）。重建后的涵闸仍为 2 孔，东闸过水断面尺寸为 3.0m×2.5m（宽×高），西闸过水断面尺寸为 2.0m×2.5m（宽×高）。建筑物由引渠段、进口护砌段、进口渐变段、涵闸段、出口护砌段四部分组成。根据管理需要，本次五一闸重建工程结合局部堤线调整，将原址设置成定兴段综合管理平台。

（1）引渠段。原老里村五一闸引渠位于南拒马河右堤迎水侧坡脚处，本次右堤向内培厚加固后，原引渠被新堤加固断面占压，同时右堤级别提高到 1 级后，迎水侧坡脚护堤地宽 30m，原引渠需向河内调整。调整后引渠总长 2.4km，渠道采用梯形断面，渠底纵坡为平坡，底宽 4.0m，边坡坡比为 1：2.5，渠道 18.00m 高程以下为混凝土连锁块植草护砌，以上采用三维土工网护坡。

（2）进口护砌段。进口护砌段顺水流方向长 10m，底宽由 4.0m 渐变至 5.1m，边坡坡比为 1：2.5，全断面混凝土护砌，厚度为0.4m，下设 0.1m 厚素混凝土垫层。

图 9-9 老里村五一闸现状图

（3）进口渐变段。进口渐变段顺水流方向长 58.14m，为 0.6m 厚钢筋混凝土矩形槽结构，下设素混凝土垫层厚 0.1m，两侧采用半重力式混凝土挡土墙衔接。

（4）涵闸段。涵闸段东闸顺水流方向长 169.65m，西闸顺水流方向长度为 187.44m，涵洞式布置（其中共用段长度为 134.0m）；东闸闸孔宽 3.0m，西闸闸孔宽 2.0m，整体式钢筋混凝土结构；闸室段底板厚 0.7m，下设素混凝土垫层厚 0.1m，边墙厚 0.7m，中墙厚 1.0m，顶板厚 0.6m；涵管段中 1 号、2 号、3 号、13 号和 15 号管节顶板及底板厚 0.6m，其他管节顶板及底板厚为 0.5m，涵管侧墙及中墙厚均为 0.5m，机架桥排架断面 0.4m×0.4m。

（5）出口消力池段。东、西闸出口消力池段顺水流方向长均为 10.0m，其中东闸消力池底宽由 3.0m 渐变到 4.0m，西闸消力池底宽由 2.0m 渐变到 4.0m。消力池底板厚 0.8m，侧墙厚 0.8m，侧墙顶部设置支撑梁，支撑梁尺寸为 0.4m×0.6m（宽×高），间距 3.2m。

（6）出口护砌段。东、西闸出口护砌段顺水流方向长均为 16.0m，其中混凝土护砌段长 8.0m，浆砌石护砌段长 8.0m，坡比均为 1:1.5。混凝土护砌厚度为 0.4m，下设 0.1m 厚素混凝土垫层；浆砌石护砌厚度为 0.4m，下设 0.1m 厚碎石垫层和一层土工布。

老里村五一闸基面图见图 9-10。老里村五一闸完工图见图 9-11。

图 9-10　老里村五一闸基面图　　　　　图 9-11　老里村五一闸完工图

4. 大沟村排水闸

大沟村排水涵闸位于南拒马河左岸防洪大堤 Z0+120 处，是一座涵洞式水闸。水闸现状为 1 孔涵闸，孔宽 1.0m。重建后的排水闸为 1 孔，为满足《灌溉与排水渠系建筑物设计规范》检修要求的最小尺寸，单孔过水断面尺寸调整为 1.5m×1.8m（宽×高）。建筑物由上游防护段、进口渐变段、涵闸段、消力池段、下游防护段 5 部分组成。大沟村排水闸主要作用是大沟村及周边排水，设计排水流量为 0.2m³/s，设计排水水位为 21.20m。

（1）上游防护段。上游防护段长 10m。渠底宽 12.0m，渠底高程 20.30m，两侧边坡坡比为 1:2，左侧渠顶高程为 24.10m，右侧渠顶高程为 24.60m。浆砌石护底厚 0.4m，下设 0.1m 厚碎石垫层和一层土工布；浆砌石护坡厚 0.4m，下设碎石垫层厚 0.1m 和一层土工布，护砌高度为 1.5m。进口段始端与原状地形平顺连接。

（2）进口渐变段。进口渐变段顺水流方向长 13.0m。钢筋混凝土护底厚 0.4m，下设 0.1m 厚素混凝土垫层。左侧设渐变式钢筋混凝土挡墙，顶高程为 23.63～20.30m，底高程为 19.80m，沿水流方向长 13.0m，与水流方向夹角为 28.1°；右侧设半重力式挡墙，顶高程为 24.10m，底高程为 19.80m，总长 23.0m，其中 1m 长垂直水流方向，其余部分与水流方向夹角为 30°；浆砌石护坡厚 0.4m，下设碎石垫层厚 0.1m 和一层土工布，护砌高度为 1.5m。

（3）涵闸段。涵闸段长 28m，1 孔布置，共分 3 段，过水断面为 1.5m×1.8m（宽×高），整体式结构。涵洞段长 20m，边墙厚 0.5m，顶板厚 0.5m，底板厚 0.5m。水闸段长 8m，边墙厚 0.6m，顶板厚 0.5m，底板厚 0.6m。机架桥排架断面 0.4m×0.4m。

（4）消力池段。消力池段长 9m，深 0.5m，底板高程为 19.1m，前段通过 1∶4 斜坡与涵管底板相连，侧墙顶高程为 22.00m。消力池为整体式钢筋混凝土矩形槽结构，底板、侧墙均厚 0.6m，底板下设素混凝土垫层厚 0.1m。末端两侧设一体式挡墙，厚 0.6m，长 9.35m。消力池段两侧地表铺设厚 0.5m，宽 19.35m 的格宾石笼。

（5）下游防护段。出口护砌段总长 29.2m，共分 3 段，底宽为 2m，边坡坡比为 1∶2，渠底高程为 19.6m，渠顶高程为 21.50～22.00m。第一段长 6.6m，护底护坡均为 0.4m 厚钢筋混凝土护砌，下设 0.1m 厚素混凝土垫层。第二段长 6.6m，护底护坡均为 0.4m 厚浆砌石护砌，下设 0.1m 厚碎石垫层和一层土工布。第三段长 10.0m，护底护坡均为 0.4m 厚干砌石护砌，下设 0.1m 厚碎石垫层和一层土工布。第一段及第二段两侧坡顶各铺设厚 0.5m，宽 10m 的格宾石笼。

5. 西靳闸

西靳闸为周家庄小河与南拒马河左堤交叉建筑物，位于左堤桩号 Z2＋220 位置，是一座引排两用的涵洞式水闸。涵闸设计引水流量为 5m³/s，排水流量为 59m³/s，孔口为 3 孔一联，3.0m×4.0m 箱涵，建筑物总长 130.0m，包括进口段、涵管段、涵闸段、消力池段及出口段 5 部分。

（1）进口段。进口段总长 42m。前端长 10m，底高程 18.5m，为浆砌石梯形渠道防护段，渠道底宽 10.2m，边坡 1∶2，上口宽 22.2m，护底、护坡均采用 0.4m 厚浆砌石护砌，下设 0.1m 厚碎石垫层及一层土工布；中间 20m 为浆砌石梯形渠道斜坡渐变段，渠底宽度 10.2m，边坡 1∶2，上口宽由 22.2m 渐变到 26.2m，护底高程由 18.5m 渐变到 17.5m，护底、护坡均采用 0.4m 厚浆砌石护砌，下设 0.1m 厚碎石垫层；后端 12m 为八字翼墙防护段，护底高程 17.5m，采用 0.4m 厚钢筋混凝土防护，下设 0.1 厚素混凝土垫层，翼墙为钢筋混凝土挡墙，墙高 4.6m，墙顶高程 21.5m。

（2）涵管段。涵管段顺水流方向长 24m，由两节 12m 长的涵管组成。3 孔一联，单孔尺寸为 3.0m×4.0m（宽×高），整体式钢筋混凝土结构，底板高程 17.5m，顶板厚 0.6m，中墙厚 0.6m，边墙及底板厚 0.6m，底板下设 0.1m 厚素混凝土垫层。

（3）涵闸段。涵闸段顺水流方向长 12m，为涵洞式布置，其中闸室段长 4.5m，涵洞段长 7.5m。3 孔一联，单孔尺寸为 3.0m×4.0m（宽×高），为整体式钢筋混凝土结构，底板高程 17.5m，墩顶高程 23.0m，中、边墩厚 1.0m，底厚 1.0m，下设 0.1m 厚素混凝土垫层。闸门为平板钢闸门，卷扬启闭机启闭。闸墩上设启闭机排架及启闭机房，启闭机房通过钢梯与地面相通。

（4）消力池段。消力池长 12m，深 0.8m，底板高程 16.7m，前段通过 1∶4 斜坡与涵闸底板相连，侧墙顶高程 21.2m。消力池两侧为钢筋混凝土八字翼墙结构，墙高 5.3m，护底为钢筋混凝土结构，底板厚 0.8m，下设 0.1m 厚素混凝土垫层。

（5）出口段。出口段总长 40m，底高程 17.5m。前端 10m 为钢筋混凝土梯形断面防护段，渠道底宽 16.0m，边坡 1∶2，上口宽 30.8m，护底、护坡均采用 0.4m 厚钢筋混凝土防护，下设 0.1m 厚素混凝土垫层。中间 10m 为浆砌石梯形渠道渐变段，渠底宽度由 16.0m 渐变到 14.0m，边坡 1∶2，上口宽由 30.8m 渐变到 28.8m，护底、护坡均采用 0.4m 厚浆砌石，下设 0.1m 厚碎石垫层。后端 20.0m 为浆砌石梯形渠道防护渐变段，渠底宽度由 14.0m 增加至 20.0m，右侧边坡 1∶2，左侧边坡由 1∶2 渐变到 1∶1.038，上口宽由 29.02m 渐变到 31.24m，护底、护坡均采用浆砌石护砌，浆砌石厚 0.4m，下设 0.1m 厚碎石垫层及一层土工布。

6. 谭城机站排涝闸

本次拆除重建工程范围在左堤桩号 Z24＋758～Z24＋777，涵闸在定兴与高碑店县界上，现状堤外进口高程为 10.77m，出口高程为 11.54m。

根据《雄安新区南拒马河防洪治理工程可行性研究报告》，谭城机站排水涵闸按照原状恢复，建筑物等级为 4 级。设计排涝标准为 5 年一遇，设计排涝水位 11.20m。

谭城机站排水涵闸与左堤交叉位置桩号为 Z24＋764，交角为 74°。建筑物全长 124.5m，分为进口段、涵闸段、涵管段、消力池段、出口段和近主槽防护段。

（1）进口段。进口段总长为 18.5m，底高程为 9.6m。其中，浆砌石防护段长度 9m，矩形槽段长 9.5m。浆砌石防护段渠底宽 4m，边坡 1∶2，上口宽度 20.4m，浆砌石厚度 0.4m，下设 0.1m 厚度碎石垫层及土工布一层；喇叭口型矩形槽（扩散角 6°）两侧边墙布置一层排水管，排水管排水口高程为 10.6m，矩形槽整体为钢筋混凝土结构，下设 0.1m 厚素混凝土垫层；挡土墙顶高程为 13.7m，布置一层排水管，排水管排水口高程为 10.6m，挡土墙底下设 0.1m 厚素混凝土垫层；进口护底厚度 0.4m，下设三层反滤，并按照梅花形布置三排排水孔，孔径 10cm。

（2）涵闸段。涵闸段顺水流方向长度 16m，为涵洞式布置，其中闸室段长度 5.2m，涵洞段长度 10.80m。涵管净尺寸为 2.0m×2.0m（宽×高）。涵闸段为整体式钢筋混凝土结构，底板顶高程 9.6m，厚度 1.1m，下设 0.1m 素混凝土垫层；闸墩顶板高程 15.3m，边墩厚 0.6m；胸墙顶高程 15.30m，厚 0.5m、高 3.2m，底部设置 0.5m×0.5m 抹角；涵管段边墙厚度由 0.6m 过渡到 0.5m，其中 0.6m 厚边墙长度 2.5m，0.5m 厚边墙段长度 7.3m，涵管段顶板厚度 0.5m，顶高程为 12.10m。闸门为平面钢闸门，采用卷扬启闭机起闭。闸墩上设置启闭机排架及启闭机房，启闭机房通过人行桥与堤顶相连通。人行桥桥面高程 19.20m，跨度 5m，采用混凝土预制板；交通桥之间设置连接墩，墩底为扩大基础，基础底面尺寸为 2.2m×2.2m（长×宽）。

（3）涵管段。涵管段分两段布置，长度均为 16m，净尺寸为 2.0m×2.0m（宽×高），整体式钢筋混凝土结构。底板高程为 9.60m，厚度 0.6m，布置 0.1m 厚素混凝土垫层；顶板厚度 0.5m，顶高程 12.10m；边墙厚度 0.5m。

（4）消力池段。消力池长度 12m，深度 0.5m，为钢筋混凝土矩形槽结构，扩散角为 7°。底板前段设置 0.5m 长水平段，高程 9.6m，通过 1∶4 斜坡段与底板连接，消力池底板顶高程为 9.10m，厚度 0.5m，下设 0.1m 碎石垫层。侧墙 0.5m 厚矩形混凝土直墙，顶高程 13.0m，并布置单排排水管，间距 1.5m，排水口出口高程 10.10m，孔径 10cm。

（5）出口段。出口段长度 26.0m，为浆砌石护砌梯形断面排水渠。分两段布置，每段长度 13m。浆砌石梯形渠道防护底高程 9.60m，渠底宽度 5.0m，紧邻消力池的浆砌石护底下设三层反滤，厚度 30cm，并按照梅花形布置方式布置三排排水孔，孔径 10cm，剩余段浆砌石护底下设 0.1m 碎石垫层和一层土工布；渠道边坡顶高程 13.00m，坡比 1∶2，采用浆砌石护砌，下设 0.1m 碎石垫层及一层土工布。坡顶向两侧布置宽度为 5m，厚度为 0.3m 的格宾石笼防护，与堤防的坡面护砌相接，格宾石笼下设 0.1m 碎石垫层及一层土工布。

（6）近槽防护段。近槽防护段纵向长度 20.0m，底高程为 9.60m，为格宾石笼护砌，厚度 0.4m，下设 0.1m 厚碎石垫层和一层土工布；斜坡段顶高程为 15.00m，斜坡段顶长 10.8m，坡比 1∶2，采用浆砌石护砌，厚度 0.4m，下设 0.1m 碎石垫层和一层土工布。圆弧面过渡段采用 1∶2 坡比，与两侧浆砌石护坡衔接，圆弧段角度为 90°，坡顶圆弧半径 2m，坡脚圆弧半径 13.3m。顺河流方向斜坡段分别向上下游护砌 8m，为浆砌石护砌，厚度 0.4m，下设 0.1m 碎石垫层及土工布一层；顺河护砌部应向两端修整不少于 10m，修整段不设护砌。

9.4　水生态、水环境治理

水环境、水生态涉及自然和社会生活的各个方面，是社会经济与人口、环境协调可持续发展的关键。此次南拒马河综合治理通过景观设计，打造宜居水环境，维护健康水生态。

9.4.1　治理原则

此次对南拒马河开展水生态、水环境治理坚持习近平总书记"节水优先、空间均衡、系统治理、两手发力"治水思路，以保护水资源、防治水污染、改善水环境、修复水生态为主要任务，通过开展河道、河堤绿化，在防护堤防工程的前提下，形成生态型的生活景观，打造充满活力的开放空间，突出的视觉景观，多样的户外体验场所，创造美丽河道环境。

9.4.2　植被选择考虑因素

依据南拒马河所处地理位置的水文气候及土壤情况，合理选择树种、草种，形成乔木、灌木、草本植物相结合的多层次绿化植被。具体考虑如下因素。

（1）水文气候。南拒马河流域属温带和暖温带大陆性季风气候，季节性差别显著。降水量在年内分布不均，主要集中在 7 月、8 月，约占年降水量的 70%。最低气温 −21.1℃，极端最高气温 40.3℃，多年平均风速 2.1m/s，最大冻土深度 68cm。

（2）土壤。南拒马河滩地土岩性以砂壤土及粉细砂为主，壤土呈零星分布，砂壤土层的厚度一般为 1.0~2.0m。

（3）水位、地形。本工程 5 年一遇洪水位略低于滩地高程，200 年一遇洪水位高于滩地 2～7m，大部分为 4～5m。迎水侧滩地距堤顶 4～10m，大部分为 7m 左右。背水侧护堤地距堤顶 2～9m，大部分为 5m 左右。

9.4.3　堤身绿化

1. 堤身迎水侧

堤身迎水侧边坡坡比基本为 1：3，石笼顶部及壤土堤身采用生态措施防护。为减少植被对行洪的影响，保证植被根系与格宾网石笼相互锚固提高堤防综合抗冲能力，结合当地气候条件，植被主要选择根系发达、耐干旱和株高较小的草本及低矮灌木。其中草本植物主要是野花组合、苔草、二月兰、波斯菊、紫花鼠尾草、狼尾草、黑心菊、白滨菊、五叶地锦、狗牙根、红豆草等宿根地被植物；灌木主要是紫荆、黄刺玫、紫叶小檗、大叶黄杨、迎春、珍珠梅、红叶石楠等便于生长的植物品种，节约养护成本（见图 9-12～图 9-14）。

图 9-12　堤身种植类型示意图

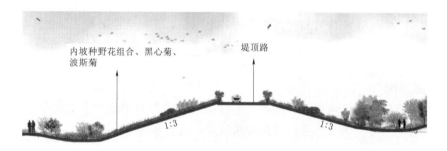

图 9-13　堤身迎水侧种植示意图

2. 堤身背水侧

堤身背水侧进行适当平整，基本维持现状边坡，堤坡现状植被覆盖率较低，主要为野草。本次主要结合现状绿化情况，落实海绵城市理念，主要种植根系发达、耐干旱的地被植物，起到初期径流污染物截留与传输的作用。植物配置突出植物造景，注重意境营造。以展示植物的自然美来感染人，充分利用植物的生态特点和文化内涵，针对不同的区域，突出不同的景观特色。村庄密集部位种植较为丰富的景观地被，主要种植野花组合、苔草、二月兰、波斯菊、大花萱草、细叶芒、荻、紫花鼠尾草等地被。郊野段主要种植狼尾草、五叶地锦等地被。通过运用植物材料组织空间，创造有合有开、有张有弛的绿地开放空间，营造堤坡自然生态风貌（见图 9-15、图 9-16）。

图9-14 堤身迎水侧种植完工图

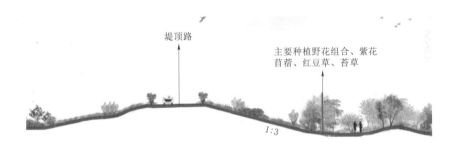

图9-15 堤身背水侧种植示意图

图9-16 堤身背水侧种植完工图

3. 防浪林设计

为减轻和抵御汛期风浪、急流对堤脚和堤身的冲刷损坏，迎水侧护堤地结合河道生态工程按不同堤段种植乔木、灌木等植物防浪林。按照因地制宜，因害设防，既要考虑满足防护需要，又要考虑满足泄洪需要的原则，同时也是防洪工程-堤防的重要组成部分、抵御洪水的一道有效防线和沿河地区的绿色生态屏障。本项目采用多树种复合林的带状、块状混种模式，杜绝单一品种的大面积栽植，避免单一纯林带来病虫害及植物单一性的不利影响。左堤防浪林宽度为 10m，防浪林主要采用梅花形、正方形、等边三角形排列方式组合种植，种植间距 3.0m，行距 3.0m，种植 2 排乔木、一排灌木；右堤防浪林宽度为 30m。防浪林主要采用梅花形、正方形、等边三角形排列方式组合种植，种植间距 3.0m，行距 3m，种植 4 排乔木、3 排灌木。防浪林选择深根性、生长快、病虫害少、易于养护且养护成本低的耐水涝、耐盐碱的高大乔木，主要为垂柳、馒头柳、千头椿、国槐、香花槐、丝棉木、合欢等植物。灌木主要种植紫穗槐、金银木、天目琼花等植物。林下地被主要种植二月兰、野花组合、黑心菊等植物。见图 9-17～图 9-19。

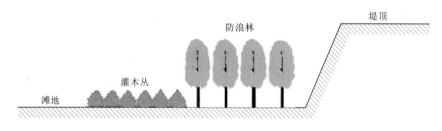

图 9-17　防浪林种植示意图

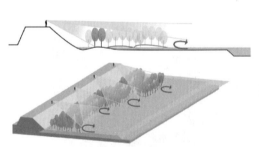

图 9-18　防浪林滩地水流示意效果图

图 9-19　防浪林完工图

4. 背水侧护堤林绿化设计

堤外护堤地现状主要为农田、林带、村庄等。现状部分堤段存在大量防护林。本次设计主要是对现状防护林进行场地平整、补充种植，保留原有树种，形成较为自然的绿化生态廊道。防护林种植大型乔木及景观灌木，主要为馒头柳、白蜡、国槐等植物，形成生态密林、森林氧吧的生态效果。地被主要种植形式为野花组合撒播草籽。节约日常的养护工作，以及对水、电等费用的投资成本。左堤堤外护堤地设计宽度为 10m，种植间距 3.0m，行距 3.0m，种植 2 排乔木、一排灌木。右堤堤外护堤地设计宽度为 30m，种植间距 4.0m，行距 3.0m，种植 4 排乔木、2 排灌木。见图 9-20～图 9-23。

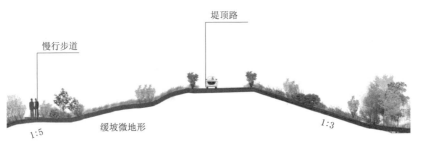

图 9-20　缓坡段断面示意图

图 9-21　堤外坡护堤地种植示意效果图

图 9-22　堤肩种植示意效果图

图 9-23　背水侧护堤林完工图

9.5 相关建议

9.5.1 防洪建设方面

2023年，依照海河水利委员会发布消息，海河流域大清河系拒马河张坊水文站2023年7月31日11时流量达到1600m³/s，为大清河2023年第一次达到编号标准的洪水，依据《全国主要江河洪水编号规定》，确定此次洪水编号为"大清河2023年第1号洪水"。南拒马河在此次防洪工程中暴露出相关问题，主要为水文设施在海河"23·7"流域性特大暴雨洪水中开展水文测报存在相关问题。相关问题包括：水文站网密度不足，测雨雷达监测覆盖不足、蓄滞洪区监测设施薄弱、水文站防洪测洪标准偏低、测验设施设计考虑不周以及水文监测能力有待提升，信息采集传输保障手段有待增强等相关问题。

而新时代下，水文测站担负着采集水文要素信息的任务，为水旱灾害防御和水资源管理等提供重要支撑，是水利现代化的重要基础。南拒马河上的水文站，其中依照国家基本水文站名录，新盖房水文站、落宝滩水文站、北河店水文站均为国家基本水文站。当前水文监测设施设备和信息处理手段与现代化技术要求仍有差距，亟待提升监测能力和现代化水平。一方面，依据《全国水文基础设施建设"十四五"规划》（水规计〔2021〕383号）和《河北省发展和改革委员会关于河北省国家基本水文测站提档升级（二期）建设工程可行性研究报告的批复》（冀发改农经〔2023〕333号），对水文基本测站的基础设施设备等进行提档升级；另一方面，依照2023年大清河洪水影响所造成的水毁情况，对洪水造成的水文测验标准断面、水位计、水尺桩、测流房等水文设施设备损毁情况进行修复，重建或修复水文站基础设施、测验设施，配置水文测验、办公等设备，恢复测验能力。推进水文站更好地为流域管理提供科学可靠的水文数据支撑，更好地服务于流域水灾害防御、水资源管理、水生态保护。并具备水位、流量和降水量等要素在线监测手段，满足不同流量级下水文测验的需求。

9.5.2 水生态、水环境方面

1. 强化水资源管理

为维护河流健康，需加大力度对水资源的管理，严格水资源管理"三条红线"，即水资源开发利用控制红线、用水效率控制红线、水功能区限制纳污红线，加大水资源管理刚性约束。一是各级政府部门加强贯彻落实可持续发展理念，以人为本，发展城市经济必须充分考虑水资源的承载能力，通过科学的水资源论证与强有力的水利监管，规范取水许可，取缔非法取水口；二是提高用水效率，推进节水型城市建设，完善农业灌溉节水工程设施建设；三是调整产业结构，节水减排，大力发展循环经济；四是充分发挥市场经济杠杆作用，完善水价调整机制，倒逼节水工作在社会面全面铺开；五是加快实施现代水网规划，畅通河湖水系连通，构建流域生态水网体系，构建多源互补的供水保障体系和河湖共生的生态水网，实现跨流域、跨地域调水，恢复河湖生态系统功能，推进生态流量保障工作，规范做好河道以外的生态补水工作，实现向河湖补水常态化，修复地上地下水生态环境。

2. 强化技术监测

充分利用现在科技手段，针对重要河道、重点河段、重要饮用水源等监测对象，统筹流域与区域、地表水与地下水、水量与水质，建立白洋淀上游系统性、完整性、时效性、可操作性的水生态监控体系。一方面，完善水资源水生态环境数据采集和水生态环境监控系统，充分利用常规监测、水质自动监测、遥感监测技术以及生物监测技术等先进科技手段，加强对流域水生态环境动态监控；另一方面，增强监测数据整理、运用，通过专业的数据比较和问题分析，精确、及早、全方位地反映出水质、水文状况和发展趋向，为水环境管理、污染源控制、城市生态规划提供科学依据。

3. 加大地下水超采治理力度

流域内高耗水农作物种植结构依赖开采地下水保障农业生产安全，大量农灌井灌溉是造成地下水超采的主要原因。除此以外，工业、城镇居民生活用水采用地下水也是造成地下水超采的重要原因。而开展地下水管理和保护，对居民供水和持续加强白洋淀上游生态屏障建设有着重要作用。为此，完善灌溉农业水利设施，推进地表水水源替换工程建设，完善配套管网基础设施；提高地表水水源供水保障率以及水质安全度。同时建立健全地下水水位变化情况、取水工程数量、分布、开采层位等综合监测数据和深层承压水监测数据采集系统，加大对局部超采区治理日常监管预警等技术服务保障。

9.5.3 推进河流管理、治理现代化

南拒马河毗邻雄安新区，地理位置尤其重要，近年来南拒马河治理工程开展如火如荼，而河流健康发展不能仅仅依靠工程措施，更需要科学完备的管理措施。

一是流域机构应充分发挥协调平台作用和综合管理职能，切实担负起充分发挥流域管理机构的协调平台作用和综合管理职能，切实担负起江河湖泊"代言人"和"守护者"角色，充分发挥地方河长的平台功能，深入推动各级河湖长和相关部门履职尽责，构建人水和谐的河流保护管理格局；地方水利部门建立完善监督检查体系，健全完善河湖长制目标任务，落实常态化监督检查要求，纵深推进河湖"清四乱"常态化规范化，规范河道采砂管理，加强水利风景区监督管理，巩固完善河湖管理范围划界成果，提升河湖智慧监管能力。

二是强化体制机制法治管理，运用用法治思维和法治方式推进南拒马河治理保护，不断提高流治理管理水平。完善水资源调配、地下水管理、河湖治理保护、水生态保护修复等方面的流域管理制度，使流域水事管理有法可依、有章可循。加大水行政执法和案件查处力度，规范水行政执法行为，不断提升水行政执法质量和效能。加强执法协调联动，推动跨区域联动、跨部门联合、与刑事司法衔接、与检察公益诉讼协作 4 项机制在流域落地见效。

三是在河流管理人员队伍建设环节，针对执法队伍、监管力量不足的情况，完善选人用人机制，不断强化干部队伍建设；在整个社会公众层面，强化《中华人民共和国水法》《中华人民共和国防洪法》《河道管理条例》等相关法规的宣传力度提高公众对河流的保护意识，更好统筹各方力量，形成合力，推进河流治理保护更加科学、完善。

参 考 文 献

［1］　王乐扬，李清洲，王艳君，等. 海河南拒马河流域水文特性及 HBV 模型的应用 ［J］. 华北水利水电大学学报（自然科学版），2021，42（3）：70 - 75.

［2］　王晨，冯书仓. 南拒马河河道行洪特性分析 ［J］. 河北水利，2016（4）：35.